Diätetik der Stoffwechselkrankheiten

von

Dr. Wilhelm Croner

Berlin
Verlag von Julius Springer
1913

Softcover reprint of the hardcover 1st edition 1913

ISBN-13: 978-3-642-89613-2 e-ISBN-13: 978-3-642-91470-6
DOI:10.1007/978-3-642-91470-6

Vorwort.

Wenn Frerichs die Diätetik „den mächtigsten, aber auch leider am wenigsten beachteten Hebel der ärztlichen Technik" nennt, so ist dies heute nicht mehr zutreffend. Die Erkenntnis, daß die Diätetik einer der hervorragendsten Heilfaktoren ist, hat sich nicht nur bei den Ärzten, sondern auch im Publikum dank der Bemühungen und Forschungen hervorragender medizinischer Autoritäten Eingang verschafft.

Heute kann sich der Arzt nicht mehr damit begnügen, dem Kranken diese oder jene Speisen zu verbieten, er muß ihm nähere Angaben über das machen, was er essen darf und sogar darüber hinaus, wie die Speisen zubereitet sein sollen.

In den großen Lehrbüchern kann trotzdem die Diätetik nur eine untergeordnete Rolle spielen. Es liegt daher, wie mir wenigstens erscheint, im Interesse der Ärzte und auch älterer Studierender, sich in eigens der Diätetik gewidmeten, nicht zu umfangreichen Werken orientieren zu können.

Dieser Erwägung verdankt das vorliegende Büchlein über die Diätetik der Stoffwechselkrankheiten seine Entstehung. Ich habe in ihm verwertet, was sich mir in langjähriger eigener Praxis als nützlich erwiesen. Viel verdanke ich dabei meinem langjährigen hochverehrten Lehrer Hermann Senator. Naturgemäß mußte auch auf die bekannten größeren Lehrbücher zurückgegriffen werden.

Berlin, November 1913. **Wilhelm Croner.**

Inhaltsverzeichnis.

Einleitung.

Mit dem Namen **„Stoffwechselkrankheiten“** bezeichnen wir Erkrankungen, deren charakteristisches Merkmal Störungen des Stoffwechsels sind, d. h. der Funktion, die den Zerfall, Ersatz und die Erneuerung der den Organismus zusammensetzenden Brennstoffe ausübt. Anatomische Veränderungen eines Organs oder eines Organsystems lassen sich bei diesen Krankheiten bisher nicht in allen Fällen finden, ohne daß wir behaupten wollen, daß es weiteren Forschungen nicht doch noch gelingen wird, auch in diesen eine solche Ursache herauszufinden.

Die Störung besteht nicht in einer gleichmäßigen Schädigung aller beteiligten Funktionen, sondern im Gegenteil drückt gerade der Anteil, den dieser oder jener Vorgang an der Erkrankung nimmt, ihr ein besonderes Gepräge auf.

Die **Behandlung** der Stoffwechselkrankheiten hat darauf Bedacht zu nehmen, bei der Ernährung solche Stoffe zu vermeiden, deren Zufuhr direkt Schädigungen ausübt, oder deren Verarbeitung im Organismus darniederliegt. Es wird daher hier noch mehr als bei anderen Krankheiten — vielleicht mit Ausnahme derer, die den Verdauungskanal selbst betreffen — die Diätetik ein integrierender Teil der Behandlung sein. Und zwar wird hier sowohl das quantitative als das qualitative Moment in die Wagschale fallen.

Unsere Kost soll in der Regel die verschiedenen Nährstoffe in einer Mischung enthalten, die aus etwa 100—120 g Eiweiß, 60—90 g Fett und 300—500 g Kohlehydraten besteht. Wir wissen aus der Physiologie (Gesetz der Isodynamie von Rubner), daß diese Stoffe für einander eintreten können. Dabei ist nur zu berücksichtigen, daß für die Erhaltung des N-Gleichgewichts ein Eiweißminimum notwendig ist. Nach neuesten Erfahrungen kann ein Organismus mit etwa 50—60 g Eiweiß pro die auskommen.

Bei der Berechnung, wie die einzelnen Nährstoffe durch einander ersetzt werden können, ist zu beachten, daß

1 g Eiweiß	=	4,1	Kalorien
1 g Fett	=	9,3	„
1 g Kohlehydrat	=	4,1	„

Nutzwert darstellen. (Unter einer Kalorie verstehen wir diejenige Wärmemenge, welche nötig ist, um 1 Liter Wasser von 0^{0} auf 1^{0} C zu erwärmen.)

Das Kostmaß, das ein gesunder Mensch zu sich nehmen muß, ist in erster Linie abhängig von der Tätigkeit, die er ausübt. Je nachdem, ob er größere oder geringere Muskelarbeit verrichtet, ändert sich sein Kalorienbedarf.

Nach einer Zusammenstellung von Magnus-Levy beträgt der Umsatz für einen kräftigen Mann von 70 kg

bei schwerer Arbeit 3500 Kalorien und mehr (= 50 Kalorien pro 1 kg und mehr),
bei mittlerer Arbeit 3100 Kalorien (= 44,3 Kalorien pro 1 kg),
bei leichter Arbeit 2600 Kalorien (= 37,1 Kalorien pro 1 kg),
bei Zimmerruhe 2230 Kalorien (= 31,7 Kalorien pro 1 kg),
bei Bettlägerigkeit 2000 Kalorien (= 28,5 Kalorien pro 1 kg).

Aus den angegebenen, für Gesunde berechneten Zahlen läßt sich feststellen, wie man beim Kranken die Kalorienzahl der Nahrungszufuhr ändern kann, je nachdem ob man eine Über- oder Unterernährung erzielen will. Es läßt sich ferner bestimmen, wieviel man von einem Nahrungsstoff als Ersatz dem Kranken zuführen muß, wenn man gezwungen ist, einen anderen Nahrungsstoff einzuschränken oder ganz auszuschalten.

Es ist in der Regel aber nicht damit abgetan, dem Kranken die erforderliche Energie zuzuführen. Auch das Wie muß in Betracht gezogen werden.

Auf die Verdaulichkeit, Resorbierbarkeit und Schmackhaftigkeit muß Rücksicht genommen werden. Wir müssen wissen, wie lange Zeit es dauert, bis die einzelnen Nahrungsmittel von den Verdauungssäften des Magendarmkanals angegriffen werden, wie lange es dauert, bis sie in den Darm gelangen und dergleichen mehr. Aber es kommt auch darauf an, zu wissen, wie sie im einzelnen ausgenutzt werden. Die Ausnutzung ist in vielen Fällen abhängig von der Zubereitung der Speisen. So wird zum Beispiel Eiweiß der meisten Vegetabilien schlechter ausgenutzt als animalisches, weil die Darmsäfte des Menschen die schlecht verdaulichen Zellulosehülsen, in denen das Eiweiß eingeschlossen ist, nicht sprengen können.

Alle diese Dinge weisen darauf hin, daß für die Diätetik ein einfaches Schematisieren unzureichend ist. Es bedarf einer exakten Prüfung des einzelnen Falles, seines jeweiligen Stadiums und etwaiger Komplikationen.

Wir wollen bei der folgenden Besprechung der Diätetik der Stoffwechselkrankheiten diesen Umständen bestmöglichst Rechnung tragen.

Diabetes mellitus.

Einleitung.

Diabetes mellitus ist eine Stoffwechselstörung, bei der neben einer Reihe von anderen Symptomen, die mehr oder weniger ausgeprägt sein können, wenn sie nicht sogar ganz fehlen, Traubenzucker chronisch abgesondert wird. Eine geringe Menge Zucker scheidet der Mensch allerdings bereits in der Norm aus, diese kann jedoch in der Praxis ganz unberücksichtigt gelassen werden, da sie ohne klinische Bedeutung ist. Mit unseren gewöhnlichen Zuckerproben ist sie nicht einmal nachweisbar.

Die Entstehung des Diabetes ist auf eine Störung im Kohlehydratstoffwechsel zurückzuführen. In der Norm wird der Zucker, den wir mit der Nahrung aufnehmen, oder der aus anderen Kohlehydraten im Verdauungskanal gebildet wird, in der Leber als Glykogen aufgestapelt. Dort wird wieder je nach Bedarf Zucker gebildet, der in die Blutbahn geworfen und den peripheren Verbrennungsstätten, hauptsächlich der Muskulatur, zugeführt wird.

Während beim Gesunden der **Blutzuckergehalt** stets der gleiche bleibt, tritt beim Diabetes infolge Störung des Kohlehydratstoffwechsels Hyperglykämie ein. Die Entstehung des erhöhten Blutzuckergehaltes kann auf eine Steigerung der Zuckerproduktion zurückgeführt werden oder aber auf eine Herabsetzung des Verbrauches und der Verbrennungsfähigkeit des Zuckers im Organismus. Es ist zurzeit noch strittig, welche von beiden Theorien die richtige ist.

Ein normaler Blutzuckergehalt findet sich nur beim renalen Diabetes, wie er durch Phloridzin erzeugt wird. Diese Form besitzt aber nur eine experimentelle und keine klinische Bedeutung.

Dasjenige Organ, das bei der Entstehung des Diabetes die wichtigste Rolle spielt, ist das Pankreas.

Wie der Zusammenhang zwischen Bauchspeicheldrüse und Zuckerharnruhr zu erklären ist, ist trotz der vielen Arbeiten auf diesem Gebiete von ausgezeichneten Forschern seit der ersten epochemachenden Entdeckung von Mehrings und Minkowskis, die nach totaler Entfernung des Pankreas beim Hunde einen schweren Diabetes progredienter Natur beobachteten, noch nicht erwiesen. Lépines Theorie, daß das Pankreas die Bildungsstätte eines glykolytischen zuckerzerstörenden Fermentes sei, ist widerlegt worden. Auch die Auffassung anderer Autoren, die dem Pankreas nur einen aktivierenden Einfluß auf die Glykolyse zuschreiben, während sie den eigentlichen Vorgang in andere Organe verlegen (O. Cohnheim in die Muskeln, Rahel Hirsch in die Leber), hat der wissenschaftlichen Forschung nicht standgehalten.

Da man keine Pankreasexstirpation ausführen kann, ohne daß man alle Nerven zerstört, durch die die Bauchspeicheldrüse zu den Nachbarorganen und zum Zentralnervensystem in Beziehung tritt, lag es nahe, daß man auch diese für die Erklärung des Diabetes herangezogen hat (Cavazzani, Thiroloix, Pflüger). Der Duodenaldiabetes Pflügers — er beobachtete Auftreten von Diabetes, wenn man Fröschen das Duodenum reseziert oder das Mesenterium zwischen Pankreas und Duodenum durchschneidet oder endlich bloß die hier verlaufenden Nerven funktionsunfähig macht — kann als abgetan gelten, nachdem es S. Rosenberg gelungen, diese Erscheinung auf Kältewirkung zurückzuführen. Die nervöse Theorie fand ihre Zurückweisung durch die Versuche von Hédon.

Insbesondere durch einen Parabioseversuch von Forschbach und durch Versuche von Carlsson und Drennau ist das Vorhandensein eines inneren pankreatischen Sekretes nachgewiesen worden. Als seine Bildungsstätte hat man früher die Langerhansschen Inseln angesehen. Nachdem man aber einerseits vielfach bei Diabetes vollkommen intakte Inseln gefunden, andererseits aber schwere Inselveränderungen beobachtet hat, ohne daß dabei Zuckerausscheidung stattfand, hat man die Bedeutungslosigkeit der Inseln erkannt und schiebt die Regulation des Kohlehydratstoffwechsels den gesamten Zellen des

Pankreas zu. Hier wird ein endokrines Produkt gebildet, das auf dem Lymphwege der Blutbahn zugeführt wird, und dessen Fernhaltung von der Zirkulation die Zuckerverbrennung schädigt und zur Glykosurie führt.

Die Frage, ob in jedem Falle von echtem Diabetes eine Mitwirkung des krankhaft veränderten Pankreas vorhanden, ist noch nicht endgültig gelöst. Namhafte Forscher, vor allem O. Minkowski, vertreten diesen Standpunkt.

Die **Leber** ist als diabetogenes Organ nur sekundär beteiligt. Dort, wo klinisch sich im Anschluß an eine Lebererkrankung Diabetes entwickelt, kann man konsekutive Pankreasveränderungen annehmen. Das Vorkommen eines **renalen Diabetes** ist klinisch, wie bereits erwähnt, noch nicht sichergestellt.

Eine wichtige Rolle für die Entstehung des Diabetes spielen die **Drüsen mit innerer Sekretion,** namentlich ist dem **Nebennieren-Diabetes** eine gewisse Bedeutung beizumessen. Von dem Pankreasdiabetes unterscheidet er sich dadurch, daß dort die Glykosurie durch Ausschaltung einer Drüsenfunktion entsteht, während hier eine gesteigerte Funktion die Zuckerausscheidung hervorruft. Diese Beobachtung hat zu der Auffassung geführt, daß der pankreatische Diabetes überhaupt kein Pankreasdiabetes, sondern ein Nebennierendiabetes sei. Das Sekret der Nebennieren, das Adrenalin, ruft die Glykosurie hervor, während dem Pankreas eine entgiftende Wirkung zufällt. Die Reizwirkung des Adrenalins soll unter normalen Bedingungen mit der Hemmungswirkung des inneren pankreatischen Sekretes einen Gleichgewichtszustand herstellen (Biedl und Offer). Weitere Versuche (v. Fürth und Schwarz) haben aber die Unhaltbarkeit dieser Theorie erwiesen. Die Pankreaswirkung kann die diabetogene Wirkung des Nebennierensekretes nicht hemmen, sondern nur die Glykosurie; das Auftreten von Hyperglykämie wird nicht gehindert.

Auch der Funktion der **Thyreoidea** kommt eine gewisse Bedeutung für den Kohlehydratstoffwechsel zu. Die Glykosurien bei Basedowscher Krankheit und auch bei medikamentöser Verabreichung von Thyreoidtabletten weisen klinisch darauf hin. Experimentell sah man Glykosurie bei Hunden auftreten, denen man, um sie basedowkrank zu machen, Preßsäfte bzw. Aufschwemmungen von Strumen einverleibte (Klose und Baruch). Der

Vorgang selbst und die Art der Wechselbeziehungen zwischen Thyreoidea und Pankreas, ist noch nicht geklärt.

Ähnlich liegen die Verhältnisse bei der Hypophysis, deren Hyperfunktion die Akromegalie zur Folge hat, bei der mitunter Diabetes beobachtet wurde.

Neurogener Diabetes. Eine große Anzahl von Diabetesfällen wird auf eine direkte oder indirekte Nervenreizung zurückgeführt. Ein Analogon zu der Piqûre Cl. Bernards haben wir beim Menschen bei Verletzungen oder gewissen Erkrankungen des Gehirns. Während die Glykosurie bei den Tierexperimenten nur vorübergehend ist, ist sie bei den Erkrankungen des Menschen, sofern die Schädigungen bestehen bleiben, dauernd. Der „neurogene Diabetes" entsteht aber nicht nur durch Erkrankungen des Hirnstammes, vielmehr gehört hierher das gesamte Nervensystem, auch die Erkrankungen des sympathischen Nervensystems und von peripheren Nerven, selbst die sogenannten funktionellen Neurosen. Ob überhaupt und wie weit das Pankreas bei der Entstehung des neurogenen Diabetes beteiligt ist, ist noch nicht aufgeklärt. Man hat sich, sofern Veränderungen nicht gefunden sind, mit der Annahme hinweggeholfen, daß es sich um funktionelle Störungen dieses Organs handelt.

Mit der gleichen Theorie behilft man sich zur Erklärung des „gemeinen" Diabetes, bei dem weder organische Erkrankungen des Nervensystems noch pathologisch-anatomisch nachweisbare Veränderungen des Pankreas nachzuweisen sind.

Für die Therapie ist die Frage, welche Art des Diabetes vorliegt, nur für die wenigen Fälle von Belang, bei denen eine kausale Therapie möglich ist.

Nichtdiabetische Glykosurien.

Nicht jede Zuckerausscheidung des Urins ist als Diabetes mellitus anzusehen. Vorübergehende Ausscheidungen von Traubenzucker sind **Glykosurien.** Diese können sein:

1. Alimentäre Glykosurie. Sie kann erscheinen bei verschiedenen Krankheitszuständen wie Infektionskrankheiten (Typhus, Lungenentzündung, Diphtherie u. dgl.), bei Basedowscher Krankheit. Zur Feststellung gibt man nach Naunyn zwei Stunden nach einem aus Milchkaffee und Brot bestehenden Frühstück 100 g Traubenzucker. Erhält man dann eine Glykosurie mit quantitativ bestimmbaren Zuckermengen, so darf eine Herabsetzung der Assimilationsgrenze für Zucker angenommen werden.

2. Toxische Glykosurie. Sie tritt besonders auf nach Kohlenoxydvergiftung, nach verschiedenen Narkoticis, wie Morphium, und nach Narkosen, nach Phloridzin und anderen Substanzen; ferner durch Alkohol; bei Bier ist gerade der Frühschoppen ätiologisch wichtig, sodann aber besonders Champagnergenuß. Auch die Vagabundenglykosurie gehört hierher.

Ferner ist auf die Ausscheidung einiger anderer Zuckerarten zu achten: Laktose, Lävulose, Pentosen, Glykuronsäure.

Die **Laktosurie** ist ein physiologischer Vorgang, der bei Frauen im Wochenbett bereits am 3. Tage beginnt, meist 8—14 Tage, selten länger dauert. Sie tritt nur bei unvollständiger Entleerung der Brüste, also meist bei Frauen, die nicht stillen, auf; der Milchzucker gibt die Reduktionsproben des Traubenzuckers, dreht die Polarisationsebene nach rechts, gärt aber nicht, wenigstens nicht in den ersten 20 Stunden.

Lävulosurie, Ausscheidung von Fruchtzucker, der die Polarisationsebene nach links dreht, kommt für sich allein selten vor, häufiger mit Diabetes mellitus zusammen; bestimmt man die Menge des ausgeschiedenen Zuckers durch Polarisation, so muß man sich erst durch die Seliwanoffsche Reaktion[1]) überzeugen, daß kein Fruchtzucker vorhanden ist, da man sonst zu niedrige Werte erhält. Reduktionsproben und Gärungsproben sind hier positiv.

Pentosurie, Ausscheidung eines fünfatomigen Zuckers, ist klinisch von untergeordneter Bedeutung; wichtig ist sie nur, da sie leicht zu unliebsamen Verwechslungen mit wirklichem Diabetes führen kann. Es sei besonders darauf hingewiesen, daß die jetzt vielfach getrunkenen alkoholfreien Obstweine Pentosen enthalten, die alimentär in den Harn übergehen. Bei

---

[1]) Seliwanoffsche Probe. Man kocht den Harn mit gleichen Teilen Salzsäure und einigen Körnchen Resorzin. Hierbei tritt eine charakteristische Rotfärbung ein. Nunmehr setzt man Soda in Substanz oder Lösung so lange hinzu, bis kein Aufbrausen mehr eintritt. Schüttelt man jetzt die Lösung mit Amylalkohol und reinigt den roten Farbstoff durch Zusatz einiger Tropfen absoluten Alkohols, so zeigt sich im Spektroskop ein Streifen im Grün, manchmal noch ein zweiter in Blau.

ihr sind die Reduktionsproben positiv, die Gärungsprobe negativ. Die Polarisationsebene wird nicht gedreht. Sie wird festgestellt durch die Tollenssche Orzinprobe[1]).

Glykuronsäure tritt im Harn in der Regel nur gepaart mit anderen Körpern auf. Klinisch wichtig ist, daß sie sich mit einer Reihe von Stoffen verbindet, die wir gelegentlich zu uns zu nehmen pflegen. Solche Stoffe sind: Kampfer, Chloral, Naphthol, Terpentinöl, Menthol, Kokain, Morphium, Thymol, Antipyrin, Pyramidon u. a. Daher sind Verwechslungen mit wirklichem Traubenzucker leicht möglich. Die Reduktionsproben sind hier positiv, die Gärungsprobe negativ, die Polarisationsebene wird nach links gedreht. Orzinprobe positiv nach der Spaltung mit Säure.

Symptome des Diabetes mellitus.

Symptome, die auf Diabetes hinweisen, sind: starkes Durstgefühl, Pollakiurie, Polyurie, Abmagerung trotz vorhandenen reichlichen Appetites, schmerzloses Ausfallen von Zähnen, Stomatitis, Gingivitis, Neuralgien, Impotenz, Trockenheit der Haut, Hautjucken, besonders an den Genitalien, Furunkulosis, Gangrän, Kataraktbildung; ferner sei auf das häufige gemeinsame Vorkommen mit Lungentuberkulose hingewiesen, ebenso auf das Fehlen der Patellarreflexe. Auch Enuresis nocturna, besonders bei Kindern, erfordert eine Untersuchung auf Diabetes. Ausnahmsweise kann der Urin bei Beginn und auch im weiteren Verlauf der Krankheit nicht vermehrt sein (Diabetes decipiens).

Diagnose.

Qualitative Zuckerproben. Die Diagnose wird einzig und allein durch den Nachweis von Zucker im Harn gestellt. Sie ist demgemäß leicht, sofern man es sich zur Regel gemacht hat, bei jedem Patienten den Urin nicht nur auf Eiweiß, sondern auch

[1]) Tollenssche Orzinprobe: 3—5 ccm Harn werden mit der doppelten Menge von frisch bereitetem Bialschen Reagens (500 ccm konz. Salzsäure, 1 g Orzin, 20—30 Tropfen 10 proz. Eisenchloridlösung) erwärmt. Bei eben beginnendem Sieden färbt sich die Probe grün-blau. Die Färbung wird beim Stehen noch deutlicher. Schüttelt man mit Amylalkohol durch, so nimmt der Amylalkohol den grünblauen Farbstoff auf und zeigt im Spektrum zwischen C und D einen Absorptionsstreifen, d. h. zwischen Rot und Gelb.

auf Zucker zu untersuchen. Es genügt im allgemeinen, die Trommersche oder noch besser die Nylandersche Probe[1]) nach der Ausfällung etwa vorhandenen Eiweißes durch Kochen und Abfiltrieren des Harns anzustellen.

Der positive Ausfall dieser Proben sichert aber die Diagnose keineswegs, da verschiedene andere Substanzen und einige Zuckerarten eine positive Reaktion ergeben. Die einzige qualitative Probe, die beweisend ist, ist die Gärungsprobe. Aber auch bei dieser sind gewisse Kautelen notwendig. Es ist zu berücksichtigen, daß sich aus Hefe einerseits selber kleine Mengen Kohlensäure entwickeln können, und daß andererseits eine nicht mehr ganz frische Hefe die Aufspaltung des Zuckers nur in beschränktem Maße oder auch gar nicht bewirkt. Daher soll man zur Kontrolle neben dem Gärungsröhrchen mit der zu untersuchenden Probe ein anderes Gärungsröhrchen mit Hefe und Wasser und ein drittes mit Hefe und einer Zuckerlösung aufstellen.

Übrigens achte man genau darauf, daß die Urinproben in sauberen Flaschen gebracht werden, da vielfach schon folgenschwere Täuschungen durch unsaubere Flaschen hervorgerufen sind.

Hat man die Diagnose Diabetes mellitus aus dem Urin gestellt, so begnüge man sich nicht damit, sondern untersuche den Kranken gründlich. Es gibt wohl kein Organ des menschlichen Körpers, das nicht durch die Krankheit gelegentlich in Mitleidenschaft gezogen werden kann.

Quantitative Zuckerbestimmung. Zur quantitativen Bestimmung des Urins dient in erster Linie der Polarisationsapparat. Für die Anwendung sei auf folgendes hingeweisen. Die vielfach zur Entfärbung verwendete Tierkohle und der Bleiessig ziehen selbst Zucker an, beeinflussen somit das Resultat. Besser ist neutrales Bleiazetat (Bleizucker); bei seiner Verwendung muß man dafür Sorge tragen, daß das Glas, in welches man filtriert, gut ausgetrocknet oder wenigstens mit destilliertem Wasser ausgewaschen ist, da sonst stets eine Trübung bleibt.

---

[1]) Nylandersche Probe: 10 ccm Harn werden mit 1—2 ccm Nylanders Reagens (4,0 Seignettesalz, 100,0 10 proz. Natronlauge, 2,0 Bismuthum subnitricum) versetzt und zum Sieden erhitzt. Nach kurzer Zeit tritt Schwarzfärbung durch Ausfall von metallischem Wismut ein. Nach Eingabe von Rheum und Senna und einigen anderen Arzneimitteln tritt diese Reaktion ebenfalls ein.

Bequemer und für gewöhnlich ausreichend ist es Magnesia usta zur Entfärbung zu benutzen. Man achte ferner vor der Untersuchung darauf, ob nicht im Urin auch eine linksdrehende Substanz ist — Eiweiß, Lävulose — oder andere rechtsdrehende Substanzen. Deshalb tut man gut vor und nach der Vergärung zu polarisieren. Ist nach der Vergärung die Rechtsdrehung verschwunden, so war ein gärungsfähiger Zucker vorhanden.

Da die wenigsten Ärzte sich einen Polarisationsapparat anschaffen können, es aber auch aus vielen hier nicht näher zu erörternden Gründen nicht immer ratsam ist, die Untersuchung chemischen Instituten oder Apotheken zu überlassen, so ist es berechtigt, auf andere Verfahren aufmerksam zu machen. Dazu gehören zunächst die verschiedenen Titriermethoden. Diese eignen sich für den praktischen Arzt nur wenig, da zumeist die Bestimmung des Endpunkts sehr schwierig ist und viel Übung in chemischen Arbeiten erfordert, sofern der betreffenden Probe nicht noch etwa andere Mängel anhaften.

Hingegen haben wir in dem Lohnsteinschen Gärungs saccharometer einen Apparat, der sich für den Praktiker außerordentlich eignet. Es muß bei ihm aber ebenso wie bei der quali tativen Zuckerprobe die Hefe selbst geprüft werden. Eine genaue Beschreibung des Verfahrens erhält man mit dem Apparat.

Für alle quantitativen Zuckerproben sei aber eingeschärft, daß die noch immer übliche Methode der Prozentbestimmung ganz und gar unzureichend ist. Es kann in der untersuchten Probe viel Zucker sein, während derselbe Kranke in einer anderen Tageszeit nur wenig Zucker ausscheidet oder umgekehrt. Daher mache man es sich zum Grundsatz, nur den 24 stündigen Urin zu untersuchen und die ausgeschiedene Menge Zucker in Grammen zu bestimmen.

Da naturgemäß Zuckerharn leicht in Gärung übergeht, wodurch eine polarimetrische Bestimmung sehr erschwert wird, so setze man dem Urin gleich einige Tropfen Toluol oder etwas Chloroform zu.

Prophylaxe.

Zur Prophylaxe wird empfohlen, bei Individuen aus Familien, in denen Diabetes erblich ist, überhaupt aus neuropathischen Familien, namentlich wenn traumatische Momente vorliegen oder bei starker Adipositas, die Assimilationsfähigkeit auf Kohlehydrate zu bestimmen in der bei der alimentären Glykosurie angegebenen Weise. Wird hierbei Glykosurie nachgewiesen, so suche man durch Beeinflussung der Lebensweise — Pflege des Nervensystems, zweckmäßige Diät, vor allem Vermeidung von Überernährung — den Ausbruch der Krankheit zu verhindern. Ob dies tatsächlich möglich ist, dafür fehlen uns Beweise. Dagegen besteht Gefahr, daß, wenn derartige Untersuchungen und Anordnungen nicht in sehr schonender Weise ausgeführt werden, ein bisher gesundes Individuum zum Neurastheniker erzogen wird und umso eher dem Diabetes verfällt. Daher heißt es hier: ne quid nimis.

Therapie.

Bei der Therapie handelt es sich im wesentlichen um die Bekämpfung des Hauptsymptoms, das ist die Glykosurie. Eine **ätiologische Therapie** ist nur in den wenigen Fällen anzuwenden, bei denen Syphilis zugrunde liegt, und in denen Neurasthenie und andere Erkrankungen des Nervensystems die Ursache bilden. Die Darreichung von Pankreaspräparaten, wenn eine Störung des Pankreas nachgewiesen ist oder vermutet wird, ist ziemlich nutzlos. Sonst sind medikamentöse, diätetische, balneotherapeutische und allgemeine hygienische Maßnahmen notwendig.

Wir besprechen zunächst die **diätetische Therapie** als die für die Behandlung wichtigste. Es ist nicht damit getan, dem Kranken einen Zettel mitzugeben, auf dem a) alle verbotenen und b) alle erlaubten Speisen enthalten sind, wobei, wie es nicht gerade selten geschieht, das Verbot besonders hervorgehoben wird, während bei näherem Zusehen die erlaubten Speisen in Art und Zahl den verbotenen bei weitem überlegen sind. Der Kranke wird, umsomehr als die Zuckerdiät kostspielig ist, die Anweisungen des Arztes nur unvollkommen oder gar nicht befolgen. Es kommt auch nicht allein darauf an, die Kost qualitativ zu regeln, es muß auch die Quantität der Speisen, wenigstens in der ersten Zeit der Erkrankung und später in gewissen Zeitabständen, bestimmt werden. Dabei bleibt vor allem zu bemerken, daß aus der Menge des ausgeschiedenen Zuckers bei einem bisher noch nicht behandelten Falle nicht auf die Intensität der Erkrankung geschlossen werden kann, es bleibt vielmehr abzuwarten, wie sich die Zuckerausscheidung bei Einschränkung bzw. vollständiger Enthaltung von Kohlehydraten verhält. Danach hat man die Fälle eingeteilt in leichte, mittelschwere und schwere Fälle, und zwar bezeichnet man als

1. leichte Fälle solche, die bei vollkommener Entziehung von Kohlehydraten (nach Naunyn nur bei Einschränkung bis auf 60 g Brot) zuckerfrei sind;
2. mittelschwere Fälle, bei denen der Zucker erst bei Einschränkung der Eiweißzufuhr neben kohlehydratfreier Diät verschwindet;
3. schwere Fälle, bei denen auch bei Einschränkung der Eiweißzufuhr der Zucker nicht verschwindet.

Toleranzbestimmung. Um die Intensität der Erkrankung zu bestimmen, muß man die Größe der Toleranz des Organismus für Kohlehydrate feststellen. Nach dem Ergebnis dieser Untersuchung hat sich dann auch die diätetische Behandlung zu richten. Es ist naturgemäß, daß sich eine solche Untersuchung am besten in einem Krankenhaus oder in einem Sanatorium durchführen läßt. Aber nicht jeder Kranke ist gleich dazu in der Lage, er fühlt sich auch wohl nicht krank genug, um seine Berufstätigkeit zu unterbrechen. Hier wird es bei einigem Entgegenkommen des Kranken auch so gelingen, die Menge von Kohlehydraten kennen zu lernen, die er noch zu assimilieren imstande ist. Natürlich muß man auch damit rechnen, daß der Patient dem Arzt nicht immer die Wahrheit sagt. In solchen Fällen wird man aber bald genug aus dem Allgemeinbefinden seine Schlüsse ziehen können. Man wird also auch in der Privatpraxis zum Ziele kommen, wenn auch nicht ganz so leicht und ganz so schnell wie in einer Anstalt. Dafür vermeidet man hier aber eine Gefahr. Im Krankenhaus ist das Augenmerk des Kranken ausschließlich auf seine Krankheit gerichtet, er erwartet ängstlich das Verschwinden des Zuckers; geht dies nicht ganz so schnell wie erwartet, oder tritt sogar eine Exazerbation ein, so ist der Kranke psychisch deprimiert und erfährt vielleicht gerade dadurch eine Verschlimmerung seines Leidens. In der Privatbehandlung, in der das Schematische in den Hintergrund tritt, werden Schwankungen in der Zuckerausscheidung weniger in Erregung setzen. Wer sieht, wie Diabetiker unterer Stände häufig ohne allzuviel Wert auf ihre Krankheit zu legen, ihrer Beschäftigung viele Jahre ohne allzu großen Schaden nachgehen, wird sich des Gedankens nicht erwehren können, daß häufig die „Prozentangst" bei den Diabetikern schädlicher ist als die Steigerung der Zuckerausscheidung selbst. Es soll damit keineswegs etwa einer Vernachlässigung der Krankheit das Wort geredet werden, vielmehr soll nur darauf hingewiesen werden, schonend und taktvoll vorzugehen.

Die Toleranzbestimmung wird in der Regel in der Weise ausgeführt, daß man den Kranken drei Tage auf eine annähernd gleichbleibende Diät setzt, die etwa den Gewohnheiten des Patienten entspricht. Dabei muß man nur dafür Sorge tragen, daß die Kohlehydrate nicht zu massenhaft eingeführt werden und in einer Form, daß ihre Berechnung nicht zu schwierig wird. Am dritten Tage bestimmt man dann aus dem 24 stündigen Urin die Zuckermenge und ändert je nach dem Ausfall die Diät.

von Noorden gibt den Kranken zur Bestimmung der Toleranz eine **Probediät,** die er zusammensetzt aus einer kohlehydratfreien „Hauptkost" und einer kohlehydrathaltigen „Nebenkost". Die letztere besteht in der Regel aus 100 g Weißbrötchen, die auf die verschiedenen Mahlzeiten verteilt werden. Das Schema der Probediät ist folgendes:

1. Frühstück: Hauptkost: 200 ccm Kaffee oder Tee mit 1—2 Eßlöffeln dickem Süßrahm. 100—150 g kaltes Fleisch (Schinken u. dgl.). Butter.

Nebenkost: 25 g Weißbrötchen.

2. Frühstück: 2 Eier, dazu 1 Tasse Fleischbrühe oder ein Glas Rotwein.

Mittagessen: Hauptkost: Klare Fleischbrühe mit Ei. — Reichlich Fleisch (Kochfleisch, Braten, Fisch, Wild, Geflügel), im ganzen ca. 150—200 g. — Gemüse von Spinat, Wirsing oder Spargel (zur Zubereitung dürfen Fleischbrühe, Butter oder andere Fette, Eier, dicker saurer Rahm, aber kein Mehl verwendet werden). — Ca. 20 g Rahmkäse, reichlich Butter. — 2 Glas Rotwein oder Moselwein.

Nebenkost: 25 g Weißbrötchen.

Nachmittags: Hauptkost: 1 Tasse schwarzer Kaffee oder Tee, 1 Ei.

Nebenkost (eventuell): 25 g Weißbrötchen mit Butter.

Abendessen: Beefsteak oder kalter Braten (ca. 150—200 g), grüner Salat mit Essig und Öl — als Beilage kann Rührei (ohne Mehl bereitet) oder Spiegelei genommen werden, — 2 Glas Rotwein oder Moselwein.

Nebenkost: 25 g Weißbrötchen.

Getränk am Tage (außer Wein) 1—2 Flaschen kohlensaures Tafelwasser.

Man darf sich natürlich nicht mit einer Toleranzbestimmung begnügen, sondern muß, da es sich um eine chronische Krankheit handelt, die vielfachen Schwankungen unterliegt, die Prüfung von Zeit zu Zeit wiederholen und durch Vergleich mit früheren Resultaten die Diät von neuem festsetzen.

Bei der ganzen Zuckerdiät bleibt Senators Satz zu beachten: Ein Diabetiker, welcher mäßige Mengen Zucker ausscheidet, aber imstande ist, diesen Verlust durch Essen und Trinken zu ersetzen, ist besser daran als ein anderer, bei dem der Zucker aus dem Harn durch Inanition und auf Kosten seiner Ernährung verschwindet.

Die Diät muß nun im wesentlichen ihr Augenmerk darauf richten, die **Kohlehydrate** so weit einzuschränken, daß kein Zucker mehr ausgeschieden wird; ob die genossenen Kohlehydrate nun in Form von Weißbrötchen oder anderswie genommen werden, bleibt sich im allgemeinen gleich. Man kann daher, wenn man die Quantität der erlaubten Kohlehydrate durch Weißbrötchen bestimmt hat, diese durch äquivalente Mengen anderer kohlehydrathaltigen Nahrungsmittel ersetzen. Von Noorden hat eine Äquivalententabelle aufgestellt, die mit einer von H. Strauß angegebenen Modifikation auf S. 15 f. f. wiedergegeben ist; aus ihr ist mit Leichtigkeit zu berechnen, wieviel man von diesen Nahrungsmitteln geben kann.

Aber auch auf die **Eiweißkost** muß geachtet werden, da aus Eiweißsubstanzen bekanntlich Zucker gebildet werden kann. Wenn auch dieser Eiweißzucker noch assimiliert zu werden pflegt, wo schon kleine Mengen eingeführter Kohlehydrate die Glykosurie steigern, so liegt doch bei vielen Diabetikern die Grenze ihrer Assimilationsfähigkeit auch für den Eiweißzucker so tief, daß sie durch reichliche Einnahme von Eiweißsubstanzen in der Nahrung überschritten werden kann. In der Regel kann man nach Naunyns Vorschrift 120—140 g Eiweiß, das entspricht 500 g gekochten Fleisches, verabfolgen. In den schweren Fällen ist aber vielfach eine Einschränkung der Eiweißration notwendig. Für längere Dauer darf sie aber nicht niedriger als 60—70 g täglich sein.

Da es nicht in Zucker umgewandelt wird, ist das **Fett** allen Diabetikern erlaubt, es wird in der Regel auch gut vertragen und muß daher namentlich in den Fällen, in welchen die Eiweißkost eingeschränkt werden muß, in erhöhtem Maße genossen werden. Hier bleibt es nun der Geschicklichkeit des Arztes und der Kochkunst überlassen, dafür Sorge zu tragen, daß der Kranke nicht schließlich doch Widerwillen empfindet, der zur Dyspepsie und Unterernährung führt. Einige diätetische Fingerzeige hierfür gebe ich weiter unten.

Daß aber der Kranke die genügende Menge Speisen erhält, darauf ist ebenso zu achten, wie darauf, daß er nicht überfüttert wird. Am genauesten bestimmt man natürlich die Menge der notwendigen Speisen durch Berechnung der Kalorien. Nach von Noorden bedarf der Diabetiker wie der Gesunde pro Kilogramm Körpergewicht 30—35 Kalorien, wenn er ruht, 35—40 Kalorien, wenn er umhergeht und leichte Arbeit verrichtet, 40—50 Kalorien, wenn er mittelschwere Arbeit macht. In der Praxis wird diese Berechnung nicht immer ausführbar sein, hier muß man sich damit begnügen, und das ist in der Mehrzahl der Fälle auch ausreichend, das Körpergewicht zu bestimmen. Der Kranke darf nicht dauernd abnehmen und muß „leistungsfähig" bleiben. Auftreten und Verschwinden etwaiger Ödeme darf beim Bestimmen des Gewichts nicht vernachlässigt werden.

Es sei an dieser Stelle gleich darauf hingewiesen, daß Entfettungskuren fettleibiger Diabetiker, so wünschenswert sie mitunter sind, nur vorsichtig und langsam vorgenommen werden dürfen.

Äquivalententabelle für Weißbrötchen nach von Noorden und H. Strauß.

Brot und Zwiebäcke.	10 g Weißbrötchen entsprechen g
Porterzwieback von Gericke	8
Friedrichsdorfer Zwieback	8
Kleberzwieback von Seidl	8
D.-K.-Brot von Rademann	10
Kleberbrot von Seidl	11
Roggenbrot	12
Kommisbrot	12

Brot und Zwiebäcke.	10 g Weißbrötchen entsprechen g
Steinmetz-Kraftbrot	12
Simonsbrot	12
Aleuronatzwieback	12
Konglutinbrot von Fromm	12
Porterbrot von Gericke	12
Westfälischer Pumpernickel	13
Diabetikerschwarzbrot von Rademann	13
Grahamschrotbrot	13
Patentkonglutinbrot	15
Diabetiker-Doppelschwarzbrot von Gumpert	15
Diabetikerzwieback von Rademann	15
Diabetikerweißbrot von Rademann	16
Diabetiker-Doppelweißbrot von Gumpert	16
Diabetikerbrot von Gericke	17
Schwarzbrot von Rademann	17
Diabetikerbrot von Rademann	20
Weißbrot von Rademann	21
Aleuronatbrot nach Ebstein	22
Doppel-Diabetikerzwieback von Gumpert	22
Ultrabrot von Gumpert	85
Kakes, Biskuits und Stangen.	
Albert-Biskuits	7
Porter Biskuits Gericke	9
Aleuronat-Biskuits	12
Diabetikerkakes von Rademann	15
Diabetikerstangen von Rademann	35
Zerealien und Hülsenfrüchte.	
Reis	8
Gerste	9
Hafer	10
Trockene Erbsen, Linsen, Bohnen	11
Ausgekernte frische Erbsen, Bohnen, Saubohnen	20
Kakao.	
Lävuloseschokolade	10
Eichelkakao	12
Kakaopulver, rein	20
Saccharinschokolade	33
Mehle und Mehlfabrikate	
Nudeln, Makkaroni, Grünkern	7
Weizen, Roggen, Gries, Graupen, Gerste, Hafer, Mais, Hirse, Buchweizen	7
Hafergrütze	9
Bohnen, Erbsen, Linsen	10

Mehle und Mehlfabrikate.	10 g Weißbrötchen entsprechen g
Sojabohnen	15
Aleuronat	85
Ultramehl von Gericke	120
Aleuronat von Gericke	300
Gemüse und Knollenfrüchte.	
Morcheln	15
Steinpilze	16
Champignons, lufttrocken	17
Trüffeln, lufttrocken	22
Kartoffeln im Winter	30
Kartoffeln im Sommer	37
Meerrettich	37
Blaukohl, Grünkohl	50
Sellerie	50
Teltower Rübchen	55
Mohrrüben	65
Kohlrabi, Kohlrüben, weiße Rüben	75
Rettich	75
Rotkraut, Wirsingkohl, Savoyerkohl, Rosenkohl	100
Blumenkohl, Spinat, Weißkraut	120
Obst.	
Kastanien	8
Weintrauben, getrocknet	9
Weintrauben, frisch	37
Walnüsse	46
Süße Kirschen	50—60
Saure Kirschen	60—75
Äpfel	60—75
Birnen	60—75
Ananas, sehr süß	75
Stachelbeeren, reif	75—85
Zwetschen, deutsche	75—100
Johannisbeeren	75—100
Erdbeeren	85—120
Mandeln, süß, Haselnüsse	85
Orangen	100—120
Aprikosen	100—150
Pfirsiche	100—150
Himbeeren	120—150
Heidelbeeren	120
Mirabellen	150
Runde Pflaumen, deutsche	150
Reineclauden	150
Brombeeren	150
Stachelbeeren, unreif	250
Preißelbeeren	300—600

Früchte im eigenen Saft.	10 g Weißbrötchen entsprechen g
Weichselkirschen	ca. 85
Mirabellen	„ 85
Aprikosen	„ 90
Zwetschen	„ 90
Birnen	„ 100
Erdbeeren	„ 100
Reineclauden	„ 100
Äpfel	„ 170
Heidelbeeren	„ 200
Stachelbeeren	„ 250

Milch und Käse.

Kümmelkäse	65
Chesterkäse	100
Schweizerkäse	120
Vollmilch	ca. 140
Saure Milch	150
Quark	150
Edamer und Holländer	200
Buttermilch	200
Guter Süßrahm	200—240
Kefyr	ca. 240
Roquefort, Gervais, engl. Rahmkäse	300
Parmesankäse	600
Diabetesmilch	ca. 550—600

Weine.

Schaumwein	40
Alter Tokayer	40
Malaga	40
Griechische Süßweine	40
Tokayer	75
Portwein	100
Marsala	150
Madeira	200
Französische Rotweine	260
Sherry	300
Moselweine	ca. 600
Rheinweine	„ 600
Ahrweine	„ 600
Pfälzerweine	„ 600

Biere.

Porter	120
Bayrische Exportbiere	110—140
Sommerlagerbier, Bayern	110—140
Berliner Weißbier	ca. 150

Biere.	10 g Weißbrötchen entsprechen g
Pilsner Exportbier	150—160
Bayrische Winterschankbiere	140—170
Pilsner Bier	170
Ale	200
Helle rheinische Biere	200—240
Lichtenhainer	240—300
Grätzer	300

Will man einen Diabetiker nach den hier angegebenen Prinzipien ernähren, so muß man für eine Mannigfaltigkeit der Speisen sorgen. Denn nur so wird es ihm möglich sein, auf Jahre hinaus die ihm vorgeschriebene Kost zu genießen. Deshalb genügt es, wie schon gesagt, keineswegs, ihm einen Zettel mit den erlaubten und verbotenen Speisen mitzugeben. Einige Hilfe in der Behandlung gewähren die verschiedenen Kochbücher für Diabetiker, von denen eins sogar 365 Diätzettel, also für jeden Tag im Jahr einen gibt. Doch läuft man bei dauernder Benutzung derartiger Bücher zu sehr Gefahr zu schematisieren, während eine dauernde Überwachung des einzelnen Falles mit Änderung der Diät entsprechend der jeweiligen Urinuntersuchung notwendig ist.

Wenn ich daher an dieser Stelle eine Übersicht der erlaubten und verbotenen Speisen gebe[1]), so geschieht dies nur zur Erleichterung der Zusammenstellung der Diät, nicht aber um dem Leser den Rat zu geben, Patienten damit ein für allemal abzufinden.

Erlaubte Speisen. Erlaubt sind: jegliches Fleisch außer Leber (wegen des Glykogengehaltes), Geflügel, Wurst, außer Leberwurst (doch achte man bei Wurst auf etwaige Mehlbeimengungen); Gänseleberpastete ist erlaubt, da in den dazu benutzten Lebern nur wenig Glykogen enthalten; Fleischkonserven jeglicher Art, auch Rauchfleisch (mit geräuchertem Fleisch lasse man Maß halten, damit der Durst nicht übermäßig gesteigert wird), Fleischextrakte und eiweißhaltige Nährpräparate; sämtliche frische See- und Flußfische, Fischkonserven (man achte auch hier auf das Durstgefühl des Diabetikers); ferner Kaviar, Austern, Hummern, Krebse, Krabben, Muscheln u. ähnl.

Eier, nicht mehlhaltige Eierspeisen.

---

[1]) Unter Benutzung von von Noordens Schema.

Fette: Butter, Rahm, Käse, Sahnenkäse, Sahne, Quark, Speck, Schmalz, Bratenfett, pflanzliche Fette (Olivenöl, Margarine, Palmin).

Salate: Kopfsalat, Endiviensalat, römischer Salat, Kresse, Tomatensalat, Gurkensalat, rote Rüben.

Gewürze: Salz, Pfeffer, Senf, Curry, Paprika.

Knollen: Radieschen, Rettich, Zwiebeln.

Gemüse: Spinat, Blumenkohl, Rosenkohl, Kohlrabi, Bohnen, Artischocken, Schwarzwurzeln, Spargel (nicht zu viel wegen der diuretischen Wirkung), Cichorie, Sauerampfer, Sauerkohl, Wirsing, Weißkohl, Rotkohl, Gurken und Stachys.

Pilze: Champignons, Steinpilze, Morcheln, Trüffeln.

Obst: Nüsse, Heidelbeeren, eventuell Apfelsinen, saure Äpfel; besonders gut vertragen werden Bananen.

Suppen: Fleischbrühe, auch aus Fleischextrakt mit Einlage von grünen Gemüsen, Spargel, Eiern, Fleischstücken, Knochenmark, Fleischleberklößen, Parmesankäse.

Süße Speisen: aus Eiern, Rahm, Mandeln, Zitrone, Gelatine, zu deren Bereitung Saccharin statt Zucker benutzt ist.

Getränke: Wasser, alle Mineralwässer, Zitronensaft, Kognak, Rotwein, Rum, Arrak, Absinth, Wisky, Nordhäuser Kornbranntwein, Kirschwasser, Zwetschengeist, Steinhäger usw., Tee und Kaffee ohne Zucker (Kaffeesurrogate, besonders Kathreinerscher Gerstenkaffee sind zu vermeiden, da sie zuviel Kohlehydrate enthalten), mit Rahm; Kakao nur in mäßiger Menge, da er häufig Stärkemehl enthält. Über alkoholhaltige Getränke vgl. S. 26f.

Verbotene Speisen. Verboten oder nur in beschränktem Maße erlaubt sind: Zucker, Honig, süße und eingemachte Früchte, Mehl, Mehlspeisen, Brot.

Vorkost: Reis, Graupen, Arrowroot, Sago, Tapioka.

Gemüse: Mohrrüben, weiße, rote, gelbe Rüben (bei von Noorden erlaubt, Naunyn verboten), Linsen, Sellerie, junge Rhabarberstengel, Schoten, Kastanien.

Milch (s. S. 25f), Molken, abgerahmte Milch, Schokolade.

Ob überhaupt und wieviel ein Diabetiker von den in beschränktem Maße erlaubten Mitteln genießen darf, muß aus der Äquivalententabelle berechnet werden. Anfänglich wird der Patient nicht umhin können, mit einer Wage die Mittel abzuwägen, später wird er aus dem Gebrauch schon abzuschätzen lernen, wieviel er essen darf.

Näheres über einzelne nur in bedingtem Maße erlaubte oder ganz verbotene Speisen:

1. Brot.

Das Brot ist wohl dasjenige Nahrungsmittel, das von den Diabetikern am schwersten entbehrt wird. In welchem Maße es genossen werden darf, ergibt sich aus der Toleranzbestimmung des einzelnen Falles. Im allgemeinen ist das Schwarzbrot dem Weißbrot vorzuziehen, da es einen geringeren Kohlehydratgehalt hat und schlechter ausgenutzt wird; es empfiehlt sich, die einzelnen Scheiben möglichst dünn zu schneiden, um auf diese Weise schein bar mehr zu erhalten. Empfehlenswert ist auch das Grahambrot. Naturgemäß haben sich Ärzte und Industrielle in gleicher Weise bemüht, Ersatzmittel zu schaffen, bisher allerdings mit sehr geringem Erfolg, wie schon aus der Mannigfaltigkeit der vorhandenen Präparate erhellt. Der Fehler ist ein zweifacher; einmal ist es bisher noch nicht gelungen ein Brot zu schaffen, das derartig schmackhaft ist, daß der Kranke es für längere Zeit genießen kann, zweitens ist der Gehalt an Kohlehydraten in der Regel weit höher, als die Kranken und auch wohl die Ärzte annehmen. Es ist daher in hohem Maße schädlich, wenn der Kranke, wie es nur zu häufig noch geschieht, von dem Diabetikerbrot glaubt unbegrenzte Mengen verzehren zu dürfen. Dazu gesellt sich noch ein zweiter Übelstand, nämlich daß die analytischen Angaben der Bäckereien vielfach nur mit großer Skepsis aufgenommen werden dürfen.

Von den Brotsurrogaten seien hier angeführt die Mandelgebäcke, die in verschiedenen Bäckereien und in der Nahrungsmittelfabrik von O. Rademann hergestellt werden. Die andern Brote werden hergestellt aus Weizen- und aus Roggenmehl unter Zugabe von mehr oder weniger großen Mengen von Weizen- und Roggeneiweiß und Fett. Das Weizen- und Roggenmehl trägt je nach Herkunft und Herstellungsart verschiedene Namen, wie Aleuronat, Roborat, Glidine, Roggenkeimlingeiweiß, ist aber im wesentlichen identisch. Das Aleuronat von Gericke besteht aus reinem Pflanzeneiweiß; das sogenannte Ultramehl von Gumpert ist ein Gemisch von Roborat (Pflanzeneiweiß) und Mehl aus Mandeln, ebenso Gumperts Ultrabrot.

2. Kartoffeln.

Der Kohlehydratgehalt der Kartoffeln ist bei weitem nicht so hoch, wie es die allgemeine Ansicht ist. Daher sind sie längst nicht so schädlich, wie vom Publikum und auch von Ärzten angenommen wird. Aus der Äquivalententabelle kann man berechnen, wieviel im einzelnen Falle genossen werden darf. Da man den Kartoffelgerichten — Kartoffelpüree, Bratkartoffeln, Kartoffelpuffer — viel Fett zusetzen kann, so verdienen sie gerade in solchen Fällen Anwendung, in denen man dem Patienten reichlich Fett geben will. Man kann — abgesehen von Püreekartoffeln und Bratkartoffeln — die Kartoffeln beliebig vor oder nach dem Kochen abwiegen.

Als Ersatz werden — allerdings wohl mehr in den Büchern als praktisch — Topinamburknollen empfohlen, die als Kohlehydrat das den Diabetikern unschädliche Jnulin enthalten. Die Frucht ist einer außerordentlich mannigfaltigen Zubereitung zugänglich wie die Kartoffel und die gewöhnliche Artischocke. Nach von Noorden kann man sie in der Pfanne mit Butter braten oder in Salzwasser abkochen und mit einer weißen Sauce aus Rahm und Eigelb servieren, wie man sie zu Spargeln und Artischocken hinzugibt. —

Von verschiedenen Seiten sind Kartoffelgerichte angegeben worden, denen man das Kartoffelmehl zum allergrößten Teil entzogen hat. Dies geschieht, indem man rohe Kartoffeln durch ein Reibeisen in ein wasserhaltiges Gefäß reibt; dann setzt sich allmählich das Kartoffelmehl ab. Je länger die Masse im Wasser bleibt, desto mehr setzt sich das Mehl zu Boden, so daß nach einiger Zeit das feine weiße griffige Mehl sich von der darüber befindlichen Zellulose abscheidet. Der Kartoffelgeschmack bleibt dabei erhalten. Die Speisen wirken außerordentlich sättigend, wenngleich ihr Nährwert nur gering ist; was in vielen Fällen übrigens nur ein Vorzug ist[1]).

3. Gemüse.

Gemüse, wie wir sie S. 20 aufgeführt haben, sind ohne weiteres erlaubt, trotzdem sie Kohlehydrate enthalten. Die Menge Kohle-

[1]) Auf derartiger Grundlage beruhende Kartoffelrezepte sind angegeben von W. Sternberg: Deutsche med. Wochenschrift 1906 Nr. 27 und Therapie der Gegenwart 1908, Heft 2; ferner B. Schmitz: Prognose und Therapie der Zuckerkrankheit, Bonn 1892, S. 29.

hydrate, die sie enthalten, ist an und für sich meist schon gering; beim Kochen verlieren sie obendrein noch den größten Teil davon, insbesondere wenn man sie zunächst mit viel Wasser halbgar kocht, das Wasser dann abgießt und neues hinzufügt. Im allgemeinen sind auch die Mengen der genossenen Gemüse zu gering, als daß ihr Kohlehydratgehalt in Betracht kommt. Das trifft auch für einige roh genossene Gemüse zu, wie Kopfsalat, Endivien, Gurken, Zwiebeln, Radieschen. Eine Anzahl von Gemüsen enthalten für den Diabetiker unschädliche Kohlehydrate; dazu gehören diejenigen, die Inulin enthalten, wie z. B. Schwarzwurzeln, Artischocken, Topinamburknollen (s. S. 22) und Stachys. Die letztere ist ein japanisches, unseren Teltower Rübchen ähnliches Wurzelgemüse, das sich von diesen in ihrem Aussehen durch ihre in Spiralen gedrehte Form und ihren weniger strengen Geschmack unterscheidet. Sie wird mit Salzwasser oder mit Fleischbrühe abgekocht, nach dem Kochen mit reichlich Butter gedämpft. — Ferner grüne Bohnen, die zumeist Inosit, und Pilze, die Mannit enthalten.

Die Darreichung von Gemüsen ist besonders wertvoll, weil sie der sonst einseitigen Fleischnahrung die notwendige Abwechslung bringt; mitunter ist es sogar angebracht, vollständige Gemüsetage unter Enthaltung jeglichen Fleisches einzuschieben. Daneben kann man dem Gemüse, wo es angebracht ist, reichliche Mengen Fett einverleiben.

Daß dem Gemüse kein Mehl zugefügt werden darf, ist selbstverständlich; etwas Aleuronatmehl ist erlaubt.

4. Süßspeisen und Zuckerersatz.

Süße Speisen werden von dem Diabetiker in der Regel nicht sehr entbehrt. Die Verwertung von Zucker für Speisen ist keineswegs erlaubt. Als Ersatzmittel für Zucker haben wir das Saccharin, das jedoch nur durch die Apotheke zu beziehen ist. Am geeignetsten für den Hausbedarf sind die Saccharintäfelchen Nr. 1, von denen 25 Stück im Handverkauf verabreicht werden dürfen. Sonst erhält man sie in Patronen, Kästchen oder Flaschen zu 50, 100, 300 Stück, $^{1}/_{12}$ und $^{1}/_{4}$ kg. 1 Tablette Saccharin entspricht $1\frac{1}{2}$ Stück Würfelzucker. Zum Süßen von Speisen erhält man es in Pulverform. Vielfach wird das Saccharin wegen seines nachhaltigen süßen Geschmackes im Munde unangenehm empfunden.

Daher verzichten denn auch viele Diabetiker gern auf seinen Gebrauch. Die Verwertung anderer Süßstoffe ist durch das Süßstoffgesetz unmöglich gemacht; eine größere Einbuße hat die Therapie dadurch nicht erlitten, da die meisten von ihnen, sofern sie überhaupt unschädlich sind, doch bei längerem Gebrauch Dyspepsie erzeugen.

Um den Kranken auch Gelegenheit zu Genußmitteln zu geben, haben verschiedene Schokoladenfabriken versucht, Diabetikerschokolade zu fabrizieren. Man verwendet dazu im allgemeinen Saccharin oder Lävulose. Die letztere ist aber nicht immer in unbeschränktem Maße erlaubt. Vorsicht erheischt auch die Saccharinschokolade, da sie häufig erhebliche Mengen Kohlehydrate enthält. Schmackhafter und nur 9,1% Kohlehydrat enthaltend ist die aus einer Mischung von Mannit und Kochsalz, Dulzinol genannt, nach W. Sternbergs Angaben von der Firma J. D. Riedel hergestellte Schokolade, die in der Schokoladenfabrik von J. D. Groß (Berlin) angefertigt wird.

In neuester Zeit ist von G. Rosenfeld ein siebenatomiger Zucker, das Hediosit, empfohlen worden, der keine Steigerung der Zuckerausscheidung verursacht. Er wird in Gaben von 10—30 Gramm pro die verabfolgt. In der Regel wird er gut vertragen, doch ist gelegentlich danach Diarrhoe beobachtet worden.

5. Obst.

Wenn man von ganz schweren Fällen absieht, so ist Obst in mäßiger Menge erlaubt, sogar anzuraten; am geeignetsten sind natürlich die Früchte, die den geringsten Zuckergehalt haben. Dabei mag in Betracht gezogen werden, daß reichlich die Hälfte des Obstzuckers Lävulose zu sein pflegt, die dem Diabetiker bedeutend weniger schädlich ist als der Rohrzucker. Von rohen Früchten gebe man etwas saure Apfelsinen, ebenso Äpfel, ferner Johannisbeeren, Heidelbeeren, Stachelbeeren, Brombeeren; abzuraten ist vom Genuß von Weintrauben (vgl. Äquivalententabelle S. 17).

Will man das Obst als Kompot geben, so darf man natürlich keinen Rohrzucker dabei verwenden, dagegen ist Lävulose, etwa 10—15 g auf eine Portion, vorzüglich geeignet. Saccharin ist hier weniger am Platze, da es wegen seiner zu intensiven Süßung leicht den Geschmack verdirbt. Beachtenswert ist, daß der größte

Zuckergehalt in den Saft übergeht. Von eingemachten Früchten sind die in eigenem Saft ohne Zucker eingekochten empfohlen.

6. Milch.

Die Frage, ob man dem Diabetiker Milch geben darf oder nicht, ist von verschiedenen Autoren verschieden beantwortet worden. Das rührt daher, daß die Kranken auf Milchzucker verschieden reagieren. Wenn wir den Kranken Milch trinken lassen, müssen wir uns der Mühe unterziehen, die Assimilationsgrenze für Milchzucker im einzelnen Falle festzustellen. Dabei muß berücksichtigt werden, daß sich der ungünstige Einfluß mitunter erst nach längerem Gebrauch bemerkbar macht. Als Ersatz für die Milch hat man Diabetikermilch hergestellt, z. B. die Gärtnersche und die Boumasche Milch, die bedeutend weniger Kohlehydrate enthalten. Da wir dem Diabetiker gern Kohlehydrate zuführen, die ihm nicht schädlich sind, so verordne man diese Ersatzpräparate nur, wenn der Milchzucker nachgewiesenermaßen nicht assimiliert wird.

Saure Milch wird im allgemeinen dem Diabetiker erlaubt. Doch macht von Noorden darauf aufmerksam, daß nur ein geringer Teil des Milchzuckers beim Sauerwerden und der hiervon abhängigen Gerinnung der Milch zerstört wird, und deshalb die saure Milch nur in den Fällen zu erlauben sei, in welchen auch süße Milch vertragen wird. In der Praxis wird man hier wohl nicht mit so großer Strenge vorgehen; in der Regel wird die saure Milch nur gelegentlich an heißen Sommertagen genossen, hier bietet sie aber den an und für sich von Durst gequälten Diabetikern eine angenehme Erquickung, der gegenüber die geringe Menge Milchzucker nicht ins Gewicht fällt.

Kefyr und Kumys enthalten weniger Milchzucker als die gewöhnliche Milch; sie sind daher erlaubt. Der jetzt so beliebte Yoghurt enthält aber etwa die doppelte Menge Milchzucker, darf also nur mit Vorsicht genossen werden. Man hat aber bereits einen besonderen Yoghurt für Diabetiker hergestellt, für dessen Anwendung das gleiche gilt, was ich oben über die Diabetikermilch gesagt habe.

Käse ist dem Diabetiker erlaubt, doch soll man zwischen fettem und magerem Käse unterscheiden. Bei dem ersteren, zu dem alle besseren Käsesorten gehören, beträgt der Fettgehalt etwa

30%, während er bei Magerkäse nur 15% und bei Sauermilchkäse etwa 3% beträgt. Käsepuddings, Käseauflauf, Käsestangen sind empfehlenswert; dabei tut man gut statt des meist verwendeten Parmesankäse den fettreichen Emmentalerkäse zu nehmen.

7. Alkoholische Getränke.

Wenn wir uns nicht auf den Standpunkt der prinzipiellen Abstinenz stellen, so ist Alkohol für den Diabetiker erlaubt. Ja wir werden ihm sogar, wenn nicht bestimmte Komplikationen, wie Herzleiden, Arteriosklerose, Albuminurie, gichtische Diathese, dem entgegenstehen, den Alkohol, in mäßiger Weise genossen, anraten; in vielen Fällen dient er nicht nur als Nahrungsmittel, sondern auch als Hilfsmittel zur Erleichterung hoher Fettzufuhr und als Erregungsmittel für das Herz. Diejenigen, die als Gegner des Alkohols ihre Bedenken tragen, möchte ich darauf hinweisen, daß die Diabetiker meist im gereiften Alter stehen, in dem ihnen der Genuß mäßiger Mengen kaum erheblichen Schaden zufügen wird, sodann, daß wir nur schwer einen Ersatz bei den häufig von Durst gequälten Kranken finden. Denn die sogenannten alkoholfreien — eigentlich nur alkoholarmen — Getränke sind meist bereits durch ihren hohen Kohlehydratwert schädlich, wenn man ganz davon absieht, daß sie als tägliches Getränk auf längere Zeit hinaus nur bei einer begrenzten Anzahl Personen Anklang finden.

Am vorteilhaftesten genießt der Diabetiker den Alkohol in der Form von Rotwein, doch sind in leichteren und mittelschweren Fällen auch nicht zu süße Mosel-, Saar- und Rheinweine gestattet. Sehr zuträglich sind dem Diabetiker die Ahrrotweine. Die Firma Julius Lubowsky und Co., Berlin, bringt einen Neuenahrer Diabetes-Kurwein in Handel, der sich großer Beliebtheit erfreut. Dagegen sind die süßen südlichen Weine, wie Sherry, Portwein, Kapwein, griechische Weine, Marsala, Vermuto di Torino, meist sehr zuckerreich. Auf Champagner muß Verzicht geleistet werden. Wer dies durchaus nicht will, findet in den zuckerfreien Schaumweinen, die einzelne Firmen, wie z. B. Pommery und Greno sowie Matthaeus Müller, fabrizieren, einen zufriedenstellenden Ersatz. Auch der von der Firma Theinhardt in den Handel gebrachte Trocken-Sekt für Diabetiker empfiehlt sich durch seine Schmackhaftigkeit. Mitunter leisten diese Weine auch als Medikament wesentliche Dienste.

Bier ist schädlicher wegen seines höheren Kohlehydratgehaltes und daher nur bei leichten Fällen und auch hier nur in geringen Quantitäten zulässig (vgl. die Äquivalententabelle). Von den Bieren hat Grätzer Bier am wenigsten Kohlehydrate und am wenigsten Alkohol. Das Pilsener Bier, wenigstens das nach Deutschland exportierte, hat nicht, wie vielfach angenommen, weniger Kohlehydrate als andere Biere. Bock- und Exportbiere, auch die englischen, sind durchaus zu verbieten.

Die Branntweine: Kognak, Arrak, Absinth, Kornbranntwein, Kirschwasser, Whisky, Nordhäuser, Zwetschengeist, Steinhäger sind, wie bereits oben erwähnt, erlaubt. Liköre, auch mancher Magenbitter, sind stark zuckerhaltig und daher ganz zu verbieten.

Tageseinteilung der Mahlzeiten.

Ein bestimmtes Schema für die Einteilung der Mahlzeiten läßt sich nicht geben. Da der Diabetiker im allgemeinen seinen Geschäften nachgeht, so muß mit seinen Gewohnheiten und den ortsüblichen Gebräuchen gerechnet werden. Es liegt auch kein plausibler Grund vor, den Patienten, der schon mehr als genug auf seine Diät Rücksicht nehmen muß, und der im Hause bereits viel Rücksicht verlangt, noch mehr zu beengen, wenn nicht irgendwelche Komplikationen es erforderlich machen. Nur in der ersten Zeit, während der Toleranzbestimmung, muß eine bestimmte Einteilung, wie S. 13f. angegeben, stattfinden. von Noorden fordert überhaupt eine strenge Scheidung zwischen Hauptkost und Nebenkost, wobei die letztere allein aus kohlehydrathaltigen Nahrungsmitteln, je nach Erlaubnis, bestehen soll. Eine Abschätzung der genossenen Kohlehydrate läßt sich seiner Meinung nach anderweitig nicht ausführen. Bei einiger Übung, glaube ich jedoch, wird der Kranke auch so lernen, das richtige Maß innezuhalten. Sofern er unter ärztlicher Kontrolle bleibt, würden sich auch Übergriffe bald herausstellen.

Quantität der Mahlzeiten.

Die Menge der Nahrung, die ein Diabetiker zu sich nimmt, muß so beschaffen sein, daß er sein Körpergewicht behält. In der Regel entspricht das der Menge, die ein gesunder Mensch von gleichem Körpergewicht braucht, vgl. auch S. 15. Allerdings wird in der ersten Zeit der Diätregelung eine mäßige Abnahme erfolgen. Das bedarf keiner Änderung der Lebensweise, da ähnliche Beobachtungen auch bei Ausführung anderer Diätkuren gemacht sind. Nur eine Wochen hindurch dauernde Abnahme des Körpergewichts mahnt zur Vorsicht. Auf den Heißhunger, wie er oftmals besteht, braucht keine besondere Rücksicht genommen zu werden, da er gewöhnlich mit dem Sinken der Zuckerausscheidung nachläßt. Will man bei fettleibigen Kranken eine Gewichtsabnahme erzielen, so muß man vorsichtig zu Werke gehen, da ein plötzlicher Gewichtsverlust leicht schwere Schädigungen hervorruft.

Auch die Menge der Flüssigkeiten, die ein Diabetiker zu sich nimmt, muß quantitativ geregelt werden. Wenn er seinem Durste unbehindert nachgibt, so wird er sicher auch solche Getränke zu sich nehmen, die wegen ihres Kohlehydratgehaltes nur in beschränktem Maße erlaubt sind und so, sofern er nicht über das erlaubte Tagesquantum von Kohlehydraten hinausgehen will, Schwierigkeiten bei der Einnahme fester Nahrungsstoffe haben. Andererseits darf der Kranke auch nicht zu wenig trinken. Das durchschnittliche Tagesquantum flüssiger Nahrung soll 2—2½ l betragen. Als Maßstab dient hier das spezifische Gewicht des Urins, das nicht viel mehr als 1025° betragen soll. Bei quälendem Durst lasse man den Kranken wiederholt den Mund mit Mineralwasser ausspülen.

Die Diät bei den einzelnen Formen der Erkrankung.

Tritt ein Diabetiker in unsere Behandlung, so muß man zunächst sehen, ob seine Krankheit zu den leichten, mittelschweren oder schweren Fällen zu rechnen ist.

Auf den ersten Blick läßt sich dies nicht immer erkennen. Mitunter ist die Ausscheidung des Zuckers nur mäßig, der Patient ist in gutem Ernährungszustand; man glaubt, einen leichten Fall vor sich zu haben. Infolge der strengen Diät geht der Zuckergehalt zunächst hinunter, schließlich aber gelingt es doch nicht, ihn ganz zum Verschwinden zu bringen, ohne daß der Ernährungszustand erheblich darunter leidet. Diese Fälle gehören zu den schwereren. Insbesondere mahnen leicht erscheinende Fälle im jugendlichen Alter zu solcher Vorsicht. Im Gegensatz hierzu stehen andere Fälle, die anfangs schwer erscheinen, aber schneller als erwartet sich bessern. Es sind dies vorwiegend solche Kranke, bei denen die Krankheit lange Zeit unbehandelt bestanden hat, und die infolgedessen unzweckmäßig gelebt haben. Um den Charakter der Krankheit festzustellen, mache man bei jedem Kranken eine Toleranzbestimmung in der Art, wie S. 13f angegeben.

Es bleibt die Frage zu erörtern, ob wir sogleich eine strenge Diät einführen, oder ob wir langsam mit der Entziehung der Kohlehydrate vorgehen sollen. Hier tritt ein Unterschied ein, je nach der Form der Erkrankung. Wir verfahren:

a) Bei leichten Fällen.

Bleibt der Kranke hier bei der verordneten Probediät zuckerfrei, so kann man langsam etwas kohlehydrathaltige Nahrung zufügen. Doch achte man streng darauf, daß die verordnete Diät innegehalten wird, selbst wenn der Patient sich bei geringer Zuckerausscheidung wohl befindet. Vernachlässigt man diese, so wird man nicht selten den anfangs leicht erscheinenden Fall in einen schwereren übergehen sehen. Ist dagegen der Kranke etwa 4 Wochen zuckerfrei, so darf man ihm ruhig, ohne Schädigung zu beobachten, je nach seinem Wunsche von den bis dahin untersagten Nahrungsmitteln zulegen. Ein genaues Abwägen ist hier überflüssig, nur versäume man nicht, den Urin in regelmäßigen Abständen, zunächst einmal wöchentlich, später alle vier Wochen zu untersuchen. Zeigt sich wieder einmal Zucker, so muß die Diät sofort strenger gehandhabt werden. Im allgemeinen wird man aber, wenn man die Kranken anfänglich etwas strengere Diät halten läßt, später nur auf eine geringe Beschränkung von Speisen, hauptsächlich im Brotgenuß, angewiesen sein.

b) Bei den mittelschweren Formen.

Im allgemeinen geht man bei diesen Fällen gleich zu einer strengen Diät über. Eine mäßige Gewichtsabnahme kann, wie oben erwähnt, unberücksichtigt bleiben. Eine vorübergehende Unterernähung ist sogar zuweilen von Vorteil, auf Naunyns Empfehlung verordnen wir sogar zuweilen vollkommene Hungertage, weil man durch sie eine Reinigung des Körpers von überschüssigem Zucker erzielen kann. Die Abstinenz hat sich nur auf die zuckerbildenden Substanzen zu beziehen. Etwas Tee mit Kognak und Fleischextraktlösung darf der Kranke nehmen. Fett allein, das ja auch zulässig wäre, lieben die Kranken nicht. Den gleichen Zweck verfolgt von Noorden, indem er gelegentlich Gemüsetage einschaltet. An solchen Tagen erhalten die Kranken nichts als Gemüse mit Butter oder Speck, Tee ohne Milch, einige Löffel Sesamöl oder Lebertran, eine Flasche guten, schweren Rotwein (Burgunder), unter Umständen auch 1—2 Gläschen Kognak.

Auf die Dauer darf aber eine Unterernährung nicht stattfinden. Daher empfiehlt sich, wenn diese vermieden werden soll, das folgende Schema für Fettgemüsetage, die ein- bis zweimal wöchentlich in die Diät eingeschoben werden können.

1. Frühstück: 1 Tasse schwarzer Kaffee, 2 Eigelb.

2. Frühstück: 50 g Speck mit 2 Eigelben in der Pfanne gebraten, mit kohlehydratarmen Gemüsen oder Salat.

Mittags: 1 Tasse starke Bouillon, 75—100 g Speck, 4 Eigelbe, verschiedene Gemüse und Salate, 1 Tasse schwarzer Kaffee.

Nachmittags: Tee oder Kaffee, 2 Eigelbe.

Abends: 1 Tasse starke Bouillon, 75 g Speck, 4 Eigelbe mit Gemüse und Salat.

½—1 Flasche Rotwein am Tage.

Nimmt der Kranke bei einer strengen Diät länger als 3 Wochen ab, so muß man einige Kohlehydrate zufügen. Ebenso muß man mit der strengen Diät nachlassen, wenn Azetessigsäure durch den Urin ausgeschieden wird. (Nachweis: Bei Zusatz von Eisenchlorid tritt burgunderrote Farbe ein. Zu berücksichtigen bleibt dabei, daß Antipyrin, Salizyl- und Tanninpräparate ähnliche Farbumschläge verursachen.)

c) Bei schweren Fällen.

Auch bei diesen Fällen soll man es zunächst mit einer strengen Diät versuchen, da sich mitunter Fälle, die anfänglich als sehr schwer erscheinen, wider Erwarten bessern. Doch ist große Vorsicht geboten. Der Kranke muß hier durchaus auf seinem Körpergewicht erhalten bleiben. Dazu sind aber in der Regel reichliche Fettmengen notwendig, die leicht Verdauungsstörungen hervorrufen können. Ausscheidung von Azetessigsäure ist hier nicht selten, an und für sich spricht sie nicht gegen Fortführung der Diät. Bleibt sie aber in gleicher Intensität bestehen, oder steigert sie sich noch, was sich bei der Eisenchloridreaktion durch Schwarzfärbung des Urins dokumentiert, so muß der Kranke Zulage von Milch oder Gemüse erhalten.

Spezielle Diätkuren, bei denen bestimmte Kohlehydrate allein unter Ausschluß anderer Kohlehydrate oder im weiteren Sinne im Verein mit kohlehydratfreien bzw. kohlehydratarmen Gemüsen verabfolgt werden, sind empfohlen zu dem Zweck, die Toleranz des Diabetikers zu steigern. Die meisten haben kein großes praktisches Interesse erlangt. Die Milchkur von Winternitz, die Kartoffelkur von Mossé (Toulouse), die Reiskur von von Düring sind nach mehr oder minder üblen Erfahrungen, die man mit ihnen gemacht hat, jetzt verlassen. Neuerdings wird die zuerst von von Noorden empfohlene Hafermehlkur vielfach in geeigneten Fällen mit Erfolg gegeben. Über die Theorie dieser Kur sind bisher die Akten ebensowenig geschlossen wie über die Art ihrer Anwendung. Daß es sich um eine spezifische Wirkung der Haferstärke handelt, wie von Noorden und neuerdings auch Magnus-Levy behaupten, ist außerordentlich zweifelhaft. Bemerkenswert ist, daß der günstige Effekt der Kur durch gleichzeitige Darreichung von anderen Kohlehydraten beeinträchtigt wird, ja daß sogar schon der gleichzeitige Fleischgenuß, manchmal sogar schon die Eierzulage seine günstige Wirkung aufhebt. Man verordnet die Hafermehlkur in folgender Weise:

Die Hafermehlkur.

Die Kur wird durch einige Tage strenger Kost vorbereitet. Besteht dann noch Zuckerausscheidung, so läßt man gut noch einen Gemüsetag folgen in der S. 30 beschriebenen Weise. Dann läßt man 3—4 Tage die Haferkur machen, darauf wieder einen Gemüsetag, im Anschluß daran mehrere Tage strenge Kost. Bekommt dem Kranken diese Methode, so kann man sie 3—4mal wiederholen. Wie oft und in welchen Zwischenräumen man die Kur wiederholen kann, läßt sich schematisch nicht feststellen, da muß man individualisieren. Die Tagesration Hafergrütze schwankt zwischen 250—300 g, die in fünf Mahlzeiten eingeführt werden. Man nimmt am besten Knorrs Hafermehl oder Hohenlohesche Haferflocken, läßt die Substanz lange mit Wasser und etwas Salz kochen; während des Kochens werden 300 g Butter und ein vegetabilisches Eiweiß, 100 g, (etwa Roborat, Glidin, Tutulin, Reiseiweiß) oder nach Abkühlung geschlagenes Eiereiweiß hinzugesetzt. Im ganzen kann man als Beikost 300 g Butter geben, die sich vorteilhaft auch durch Speck ersetzen läßt. Als Zugabe gebe man 3—4 Eier, Kaffee, Tee, Mineralwasser nach Belieben, Wein, Kognak in kleinen Mengen. Bei gehäuften Hafertagen kann man dazu noch 100 g Salat, Spinat, Blumenkohl, Sauerkraut und ähnliches verabfolgen.

Ursprünglich ist die Kur für die allerschwersten Fälle mit Azidosis empfohlen, die sich unter der strengen Kost nicht oder nur sehr langsam bessern. Aber auch bei den mittelschweren Fällen hat sie sich als Unterbrechung langer strenger Kost gut bewährt. Ebenso kann sie in den leichten Fällen an Stelle etwaiger Gemüsetage von Vorteil sein. Von ganz besonderer Bedeutung ist sie bei dyspeptischen Zuständen, die die Behandlung des Diabetes stets erschweren, und vor sowie nach Operationen. Hier darf man die Kur allerdings nicht nach dem Schema durchführen, man muß meist die Tagesration beschränken, vor allem die Fettbeikost herabsetzen.

Ein bei der Kur häufig eintretendes Ödem ist bedeutungslos und wird durch kleine Dosen von Diuretin, Theocin, eventuell auch Digitalis erfolgreich bekämpft.

Beziehung des Diabetes mellitus zu anderen Krankheiten.

Interkurrente Krankheiten beeinflussen Diabetes vielfach, mitunter nimmt die Zuckerausscheidung ab oder verschwindet sogar, mitunter steigt sie; in jedem Falle, auch in dem ersteren, ist der Verlauf der Krankheit durch den Diabetes erschwert. Wie weit bei den einzelnen Krankheiten die Diabetesdiät innegehalten werden kann, wie weit man mit Rücksicht auf andere eintretende Erscheinungen nachgeben muß, läßt sich im einzelnen nicht schulmäßig festlegen. Hier hat das ärztliche Empfinden zu prüfen, ob der Kranke mehr Schaden erleidet, wenn er einige Gramm Zucker am Tage mehr ausscheidet, oder wenn die für die vorliegende Krankheit in Betracht kommende Diät vernachlässigt wird.

Bei **akuten fieberhaften Krankheiten** tritt der Zuckergehalt während des Fiebers meist zurück, man wird daher die den etwaigen Krankheiten und momentanen Zuständen entsprechende Diät in den meisten Fällen ohne Schwierigkeit innehalten können.

Operationen bei Diabetikern sind stets gefürchtet und nur in dringenden Fällen auszuführen, da häufig nach ihnen Coma auftritt. Auch in sonst leichten Fällen tritt häufig nach Operationen eine stark vermehrte Zuckerausscheidung auf. Es ist hier also eine genaue Kontrolle und entsprechende Diät dringend notwendig. In neuester Zeit hat sich die Haferkur vor und nach der Operation in der oben beschriebenen Weise vielfach bewährt (s o.)

Verdauunssgtörungen kommen beim Diabetiker nicht selten vor und bedingen meist eine Änderung der Diät. Obstipationen sind vielfach auf zu einseitige Eiweißnahrung zurückzuführen, erheischen daher eine mehr vegetabilische Kost; wir haben ja eine Reihe Vegetabilien zur Verfügung, die wir jedem Diabetiker anstandslos geben dürfen. Jedenfalls sollen Abführmittel nicht regelmäßig genommen werden, eher empfehlen sich zeitweise Trinkkuren von salinischen, alkalisch-salinischer, alkalisch-sulfatischen Mineralwässern. Auf Durchfälle ist auch bei den nicht schwer erscheinenden Fällen streng zu achten, da sie oft die ersten Symptome komatöser Zustände sind. Neben den üblichen Medikamenten gebe man reichlich Rotwein, Kognak; gut bewährt sich gerade hier der Haferschleim (s. S. 31). Doch wird man hier den Zusatz von Butter stark vermindern müssen, wie denn überhaupt in der Art der Darreichung des dem Diabetiker so wichtigen Fettes Vorsicht geboten ist, um Dyspepsie zu vermeiden.

Komplikationen des Diabetes.

Während sich für die zufällig beim Diabetes auftretenden Krankheiten naturgemäß kein bestimmtes Regime der Ernährung feststellen läßt, ist für die häufig mit ihm vereint vorkommenden, bzw. Folgekrankheiten dies eher möglich. Eine ganze Anzahl von krankhaften Erscheinungen, die im Verlauf des Diabetes auftreten können, werden durch den Diabetes selbst beeinflußt. Sie äußern sich heftiger, wenn die Zuckerausscheidung stark ist, und nehmen an Intensität ab oder verschwinden, wenn der Zuckergehalt abnimmt. Sie erfordern daher keine selbständige Therapie oder doch nur eine nicht wesentliche. Hierher gehören vor allen Dingen die rheumatischen und neuralgischen Zustände, die Hautaffektionen, insbesondere der Pruritus, die Ekzeme und Furunkulosis, sowie Sehstörungen. Andere Komplikationen erfordern eine spezielle Berücksichtigung so:

Tuberkulosis.

Weder tierische Experimente noch klinische Beobachtungen haben die vielfach ventilierte Frage gelöst, wodurch das häufige Auftreten von Lungenschwindsucht bei Diabetes verursacht wird[1]). Die Entstehung der Lungenschwindsucht beim Diabetes darf nicht auf schlechten Zustand der Ernährung zurückgeführt werden, ebensowenig werden nur die unteren Volksschichten, die die Diätvorschriften nicht streng befolgen können, von der Krankheit befallen. Wenn auch im allgemeinen gerade die schweren Formen des Diabetes — so die Erkrankungen des jugendlichen Alters — mit Phthisis kombiniert sind, so können auch dem Anschein nach leichtere Formen davon befallen werden. Jedenfalls muß man in allen Fällen von Diabetes die Lungen genau untersuchen. In bezug auf Diät muß man in vorsichtiger Weise den Patienten zu entzuckern suchen. Abstand davon muß man nehmen, wenn die Lungenaffektion bereits so weit vorgeschritten ist, daß ein Erfolg doch nicht mehr zu erwarten ist, oder wenn eine anhaltende Unterernährung durch sie verursacht wird. Gewarnt sei vor einer allzu schnellen Diätbeschränkung, da sie einmal die Gefahr des Comas heraufbeschwört, andererseits aber auch zum Auftreten einer akuten Miliartuberkulose Veranlassung geben kann.

Albuminurie.

Eiweißausscheidung wird bei Diabetes sehr häufig auch ohne entzündliche Veränderung des Nierenparachyms beobachtet. Ob, wie behauptet worden ist, ein zu reichlicher Genuß von Eiern oder der immerhin beträchtliche auf die Nieren ausgeübte Reiz daran schuld ist, mag dahingestellt bleiben. Jedenfalls tut man in solchen Fällen gut, die Eiweißzufuhr einzuschränken und mehr frische Gemüse, Früchte und reizlose Fette zu geben. Liegt der Albuminurie eine Nephritis zugrunde, so droht dem Kranken mehr Gefahr von dieser als vom Diabetes; der Diabetes pflegt sogar bei dieser Komplikation nicht selten zu verschwinden, sodaß man hier sogar von der Heilung des Diabetes durch Albuminurie

[1]) In meiner Arbeit: Über 100 poliklinisch beobachtete Fälle von Diabetes mellitus, insbesondere ihre Beziehung zur Tuberkulose und Arteriosklerose, Deutsche med. Wochenschrift 1903, Nr. 45, habe ich an der Hand meines Beobachtungsmaterials den Nachweis zu erbringen gesucht, daß beiden Krankheiten ein gemeinsames disponierendes Moment zugrunde liegt.

gesprochen hat. Danach hat sich auch die Diät zu richten. Es ist hier neben der eiweißarmen Diät Wert auf die Vermeidung scharfer Gewürze sowie von Alkoholicis zu legen. Auch mit dem Genuß von Tee und Kaffee sei man vorsichtig.

Arteriosklerosis.

Arteriosklerosis ist häufig mit Diabetes vergesellschaftet. Dabei ist die Frage vielfach aufgeworfen worden, ob die Arteriosklerose Veranlassung für die Entstehung des Diabetes ist oder eine Folgeerscheinung. Es ist naheliegend, daß die Fettleibigkeit der Diabetiker, die häufig bestehende gichtige Disposition sowie die von den meisten Kranken innegehaltene Ernährungsweise eine geeignete Grundlage für das zeitige Auftreten von Arteriosklerose bilden. Daß man aber auch im Anfangsstadium von Diabetes Arteriosklerose findet, spricht ebenso wie das seltene Auftreten von Arteriosklerose bei jugendlichen Diabetikern dafür, daß die Arteriosklorose vielfach das Primäre ist. Charakteristisch für diese auf arteriosklerotischer Basis entstandenen Fälle von Diabetes ist es, daß der Zuckergehalt bei ihnen meist nur gering ist und zeitweise sogar ganz verschwindet. Die eigentlichen Diabetessymptome treten oft ganz in den Hintergrund.

Ein weiteres gemeinsames prädisponierendes Moment für Arteriosklerose und Diabetes besitzen wir im Alkoholismus. Dabei ist von besonderem Interesse, daß der Alkoholismus in solchen Fällen selten zum Diabetes führt, in denen durch eine angestrengte körperliche Tätigkeit ein genügendes Äquivalent geboten wird, dagegen bei Personen mit nebenher aufregender geistiger Tätigkeit besonders schädlich ist.

Die Diät ist nach dem hier Gesagten vorgeschrieben. Dort, wo gichtige Veranlagung oder Fettleibigkeit in Frage kommen, müssen diese berücksichtigt werden; der Alkoholgenuß muß dort, wo man ihn als Grundlage vermutet, eingeschränkt werden. Der Fleischgenuß muß gegenüber der Kohlehydratzufuhr zurücktreten, umsomehr als erwiesenermaßen die Arteriosklerose durch Abnahme der Zuckerausscheidung nicht gebessert wird. Die Hauptgefahr droht dem Kranken aber von seiten der Arteriosklerose.

Gicht.

Besondere Schwierigkeiten bereitet die Komplikation des Diabetes mit der Gicht, da sich hier die Ernährungsprinzipien beider

Erkrankungen in wesentlichen Punkten widersprechen. Erleichtert wird unsere Aufgabe dadurch, daß beide Krankheiten häufig alternierend auftreten, und ferner dadurch, daß es meistenteils weniger schwere Fälle sind, bei denen beide Krankheiten vereint vorkommen. Insbesondere muß man mit der Erlaubnis alkoholischer Getränke sehr vorsichtig sein, da diese zwar dem Diabetiker sehr nützlich sein können, andererseits wieder einen Gichtanfall auslösen können. Über die spezielle Diät bei der Gicht werden wir bei Besprechung dieser Krankheit berichten.

Fettleibigkeit.

Fettleibigkeit findet man beim Diabetes sehr häufig, wenn auch zumeist nur bei der leichteren Form. Hier muß natürlich der Fettgenuß nach Möglichkeit eingeschränkt werden, um einer übermäßigen Gewichtszunahme vorzubeugen. Vor energischen Entfettungskuren habe ich bereits an anderer Stelle gewarnt. Sie verursachen leicht allgemeine Körperschwäche und Herzschwäche.

Pankreasdiabetes.

Die Bedeutung des Pankreas für die Entstehung des Diabetes ist in der Einleitung gewürdigt worden. Hier sei nur die klinische Seite der Frage erörtert. Alle Erkrankungen der Bauchspeicheldrüse können mit Zuckerausscheidung einhergehen, brauchen es aber nicht. Am seltensten wird sie bei der akuten Pankreatitis beobachtet, wohl weil hier der Tod meist zu vorzeitig eintritt. Es kommen vorwiegend in Frage Tumoren, Fettgewebsnekrose, Lues, Arteriosklerose, Steinbildung. Charakteristische Symptome, die auf eine Erkrankung des Pankreas hinweisen, sind Koliken und Fettstühle.

Da die Behandlung mit Pankreaspräparaten sich als erfolglos erwiesen hat, so unterscheidet sich die Behandlung in nichts von der sonst bei Diabetes üblichen. Daß man bei dem Vorhandensein eines malignen Tumors die Diät nicht mit aller Strenge durchführt, bedarf kaum der Erwähnung.

Diabetes der Kinder.

Die Ernährung bei der Erkrankung im Kindesalter hat nach denselben Prinzipien zu geschehen wie beim Erwachsenen. Hier stellen sich allerdings häufig in der Durchführung Schwierigkeiten von seiten der Eltern und der Kinder entgegen. Bei der absolut schlechten Prognose, die der Diabetes bei Kindern gibt, ist es in der Tat zum mindesten diskutabel, ob der Arzt in den schweren Fällen, bei denen ein Erfolg von vornherein ausgeschlossen erscheint, mit aller Strenge vorgehen soll. Sofern eine Behandlung doch aussichtslos ist, ist dies dem Kinde und den Eltern gegenüber eine unnötige Strenge. Erscheint ein Fall noch beeinflußbar, so trage man jedoch dafür Sorge, daß die Diät innegehalten wird. Vielleicht gelingt es noch, so gering die Hoffnung auch immer sein mag, das eine oder das anderemal dadurch das Leben wesentlich zu verlängern, wenn auch eine absolute Heilung so gut wie sicher ausgeschlossen ist.

Milchgenuß ist im ersten Lebensjahr weder zu umgehen noch zu befürchten. Hat man Grund, anzunehmen, daß die Milch schädlich wirkt, so kann man sie mit Wasser verdünnen und entsprechend mehr Rahm zusetzen. Später kann man Bouillon mit Ei, weiche Eier mit Butter und Salz, geschabtes Fleisch geben. Breie von Weizenmehl, Zwieback oder Semmel sind gänzlich zu vermeiden. Von Gemüsen sind dieselben erlaubt wie bei Erwachsenen. Auch hier tut man gut, durch wiederholtes Wässern und Abgießen des Wassers Kohlehydrate zu entziehen. Ferner dürfen die Speisen nur mild gesalzen werden, um den Durst nicht unnötig zu steigern. In vielen Fällen ist die Darreichung von Lebertran zu empfehlen.

Es sei hier noch darauf hingewiesen, daß Glykosurien, die nicht auf Diabetes mellitus beruhen, im Kindesalter häufig sind. Im Säuglingsalter beobachtet man Ernährungsstörungen mit Laktosurie, aber auch Ausscheidung von anderen Substanzen, die die Zuckerreaktion ergeben, ohne daß Ernährungsstörungen bestehen. Ferner sieht man namentlich im Gefolge akuter Infektionskrankheiten sogenannte alimentäre Glykosurie.

Medikamentöse Therapie.

Wie bei allen denjenigen langandauernden Krankheiten, für die wir keine spezifische Therapie besitzen, sind auch für die Zuckerkrankheit eine große Anzahl Arzneimittel und kurpfuscherische Präparate empfohlen worden, ohne daß ihnen ein Wert beizumessen ist. Dort, wo man einen Erfolg beobachtet haben will, beruht dieser immer darauf, daß gleichzeitig mit der Medikation zweckentsprechende Diät beobachtet wurde. Ich unterlasse es daher, an dieser Stelle auf irgendeins der Mittel einzugehen. Eine Herabsetzung des Zuckers wird, das steht außer Zweifel, durch Opium erzielt. Eine länger dauernde Anwendung dieses Mittels verbietet sich aber von selbst. Es ist auch zweifelhaft, ob mehr Schaden durch die mit dem Opium naturgemäß verbundenen Folgen oder durch eine etwas höhere Zuckerausscheidung verursacht wird.

Balneotherapie.

Während in früheren Jahren der Wert der balneologischen Behandlung beim Diabetes bedeutend überschätzt wurde, sind die diesbezüglichen Ansichten jetzt ins Gegenteil umgeschlagen. Daß Kuren in Karlsbad, Vichy, Neuenahr, Mergentheim und ähnlichen Badeorten eine spezifische Heilkraft haben, wie man früher wohl angenommen hat, wird heute niemand mehr behaupten. Wenn nicht andere Gründe, so muß schon der Mißerfolg der häuslichen Trinkkuren darauf hinweisen, obwohl sich hierfür noch andere Ursachen finden dürften. Es kann natürlich keinen Erfolg gewähren, wenn ein Kranker 4—5 Wochen eine Kur gebraucht, den übrigen Teil des Jahres aber wenig Rücksicht auf seine Krankheit nimmt. Auch sind die Kuren nicht allen Diabetikern zuträglich; eine Auswahl muß nach der Art der Erkrankung getroffen werden. Für jugendliche Diabetiker ist eine Trinkkur schädlich, auch im hohen Alter gewährt sie keinen Nutzen. Schwere Fälle, insbesondere solche mit starker Azidosis, darf man nicht in die Kurorte schicken. Weitere Kontraindikationen geben gewisse Komplikationen wie Gangrän der Haut, schwere Gehirnkrankheiten, Lungentuberkulose und Lungenbrand, Angina pectoris sowie konstitutionelle Syphilis und dauernde Gewichtsabnahme.

Natürlich kann Erfolg einer Kur nur gewährleistet werden, wenn der Kranke während dieser Zeit zweckentsprechende Diät hält. Das ist aber nur möglich, wenn die Einrichtungen des Badeortes derartig sind, daß ihm die Möglichkeit dazu gegeben wird. In manchen Fällen fehlt es zwar daran nicht, wohl aber an der nötigen Aufsicht, die der Kranke in einer Heilanstalt oder in seiner Behausung hat.

Man soll auch nicht den Erfolg einer Kur allein darin suchen, daß die Zuckerausscheidung um einen bestimmten Prozentsatz zurückgeht. Mitunter äußert sich der Vorteil, den der Kranke errungen, mehr darin, daß der Gesamtorganismus gekräftigt und widerstandsfähiger wird, oder auch darin, daß gewisse Komplikationen sich bessern. So werden häufig Magen- und Darmstörungen, Zirkulationsstörungen verschiedener Art, Neuralgien, komplizierende Cholelithiasis und Nephrolithiasis überraschend günstig beeinflußt. So sind die Trinkkuren für viele Diabetiker, wenn auch kein absolutes Heilmittel, doch ein sehr wesentliches Adjuvans.

Allgemeine Maßregeln.

Muskeltätigkeit ist dem Diabetiker anzuraten. Spazierengehen, Bergsteigen und alle anderen Arten des Sportes, sofern man sich vor Übertreibungen hütet, setzen den Zuckergehalt herab und kräftigen den Organismus. Dort, wo aktive Bewegungen nicht ausgeführt werden können, oder wo es dem Kranken an der nötigen Energie fehlt, sie in genügender Weise durchzuführen, kann man sie mit gutem Erfolg durch Massage oder mediko-mechanische Übungen ersetzen. Hier wie dort Vorsicht vor Übertreibungen!

Coma diabeticum.

Die Hauptgefahr für den Diabetiker besteht im Coma diabeticum, da der größte Prozentsatz von ihnen im Coma stirbt. Das Coma diabeticum entsteht, wie man jetzt allgemein annimmt, durch eine Säurevergiftung des Blutes, „Azidosis", die vorwiegend durch die Azetonkörper: Azetessigsäure, Azeton und β-Oxybuttersäure veranlaßt wird. Als Quelle dieser Azetonkörper sind in erster Linie die Fette zu betrachten. Es ist nicht ausgeschlossen, daß außer diesen Verbindungen noch andere pathologischerweise entstehende Säuren für die Entstehung des Comas in Frage kommen. Bei der Azidosis beobachtet man eine der Säureausscheidung parallel gehende Ammoniakausscheidung. Man nimmt an, daß dieser Ammoniak, der der Harnstoffsynthese entrissen wird, zur Entgiftung und Neutralisation der vermehrten Säuren verwandt wird.

Vielfach gehen dem Coma Vorboten voraus, wie Aufregung, Unbehagen, Beklemmungen. Jede dyspeptische Störung eines Zuckerkranken gibt Veranlassung, daran zu denken. Nicht selten tritt es nach fieberhaften Krankheiten oder nach operativen Eingriffen auf. Mitunter erscheint es unerwartet plötzlich.

Eines der ersten Anzeichen ist häufig dyspnoisches Atmen, „die große Atmung“ Kußmauls; bei ihr atmet der Kranke tief und beschleunigt, ohne Zyanose, bei gesteigerter Herztätigkeit. Weitere Symptome sind Kopfschmerzen, allgemeines Unlustgefühl, Magendarmerscheinungen. Allmählich tritt Somnolenz ein. Der positive Nachweis von Azetessigsäure[1]) und Azeton[2]) im Harn deuten die drohende Gefahr des Comas an. Der komatöse Kranke verbreitet häufig einen obstartigen Geruch, der so intensiv sein kann, daß man beim Betreten eines Krankensaales merken kann, daß hier ein Patient mit Coma liegt. Für die Diagnose bei Bewußtlosen, deren Krankengeschichte man nicht kennt, kann dieses Symptom häufig von hohem Werte sein.

Die Behandlung, auch beim bereits drohenden Coma, hat der Ursache entsprechend in der Darreichung von Alkalien in großen Dosen zu bestehen. Man gibt 30—50 g Natrium bicarbonicum oder noch mehr, eventuell per Klysma, bis der Urin alkalisch reagiert.

Die Kost muß eine gemischte sein, man gebe reichlich Kohlehydrate, eventuell die S. 31 beschriebene Hafermehlkur und vor allem viel Milch. Bei Herzschwäche, oder um einer solchen vorzubeugen, gebe man viel Alkohol. Tritt eine Besserung ein, so ist die Diät am Platze, die für die schweren Fälle von Diabetes vorgeschrieben ist.

---

[1]) Vgl. S. 30.

[2]) Legalsche Probe: Zu 4—10 ccm Harn werden einige Tropfen einer frisch bereiteten Nitroprussidnatriumlösung und etwas Kalilauge zugefügt; die Flüssigkeit nimmt eine rote Farbe an, die rasch verblaßt, bei Anwesenheit von Aceton jedoch nach Hinzufügen von etwas Essigsäure in Purpurrot übergeht.

Liebensche Probe: Mehrere Tropfen Harn werden mit Jod-Jodkaliumlösung und Kalilauge versetzt. Bei Anwesenheit von Aceton tritt sofort ein intensiver aus Jodoformkristallen bestehender Niederschlag ein, der sich schon durch den Geruch dokumentiert. Noch deutlicher wird die Probe, wenn man nach dem Vorgang von W. Croner und W. Cronheim etwas Anilin zu der Jod-Jodkaliumlösung hinzusetzt. Dann entsteht bei Anwesenheit von Aceton der widerliche, leicht erkennbare Geruch des Isonitrils.

Diabetes insipidus.

Mit **Diabetes insipidus** bezeichnet man eine Krankheit, die sich durch eine länger dauernde abnorm vermehrte Harnabsonderung charakterisiert ohne gleichzeitigen Zuckergehalt des Urins und ohne Erkrankung der Nieren und der Harnwege. Er entsteht dadurch, daß die Nieren unfähig sind, einen Harn von normaler Konzentration abzusondern. Pathologisch-anatomische Veränderungen der Nieren sind dabei nicht beobachtet worden, so daß es sich offenbar um eine rein funktionelle Störung handelt. Die Menge des Urins schwankt zwischen 3—10 Litern täglich, kann in besonders ausgeprägten Fällen auch noch höher steigen. Der Harn sieht dünn und farblos aus und hat ein sehr niedriges spezifisches Gewicht, etwa 1002—1004°.

Die **Diagnose** ist insbesondere in der Sprechstundenpraxis nicht immer leicht zu stellen, da man hier vorwiegend auf die Angaben des Kranken selbst angewiesen ist, diese aber „häufiges" Urinlassen (Pollakiurie) mit dem Entleeren großer Mengen (Polyurie) leicht verwechseln. Daher lasse man, bevor man die Diagnose stellt, die 24 stündige Menge sammeln. Die sonstigen Symptome der Krankheit sind zu unbestimmter Natur, um zur Sicherung der Diagnose beizutragen. Es sind zumeist nervöse Erscheinungen wie Schwindel, Kopfschmerzen, Schlaflosigkeit, Neuralgien, ferner Trockenheit der Haut, bei Männern auch Impotenz. Wichtig ist, daran zu denken, daß reichliche Urinabsonderungen sonst noch vorkommen nach reichlichen Flüssigkeitsaufnahmen, in der Rekonvaleszenz nach fieberhaften Erkrankungen, bei der Resorption von Ergüssen, beim Diabetes mellitus und bei der chronischen interstitiellen Nephritis. Da bei der letzteren die Eiweißmenge in der Regel nur sehr gering ist, mitunter auch zeitweise ganz verschwinden kann, sind Irrtümer hier leicht möglich, umsomehr als wiederum beim Diabetes insipidus geringe Eiweißmengen beobachtet worden sind.

Ätiologisch kommen in Betracht Traumen sowie Gehirnerkrankungen, bei denen eine bestimmte Stelle am Boden des 4. Ventrikels (zwischen den Kernen des Acusticus und des Vagus) beteiligt ist. Namentlich spielt Hirnsyphilis hier eine bedeutsame Rolle. Des weiteren bilden Skorbut, Hysterie und Ernährungsstörungen die Veranlassung. In vielen Fällen läßt sich Erblichkeit nachweisen. Ein Übergang von Diabetes mellitus in insipidus und umgekehrt ist beschrieben worden.

Diätetik. Da in der Mehrzahl der Fälle die Unfähigkeit der Nieren, einen konzentrierten Urin zu liefern, und nicht vermehrte Wasserzufuhr die Polyurie erzeugt, so muß die diätetische Behandlung zunächst auf eine Einschränkung der Kochsalzzufuhr und des Fleischgenusses gerichtet sein. Man kann dabei in der Regel dem Kranken gestatten, so viel zu trinken, wie er zur Stillung seines Durstes nötig hat. Erst wenn man mit dieser Ernährung nicht zum Ziel kommt, muß man die Zufuhr von Flüssigkeit systematisch reduzieren.

Minkowski schlägt vor, zunächst zu prüfen, wie sich nach einer größeren Kochsalzabgabe bei gleichbleibender Wasserzufuhr die Harnmenge, das spezifische Gewicht und der Chlorgehalt des Harns verhalten. Zeigen eine Steigerung des spezifischen Gewichts und der Chlorgehalt im Harn an, daß das Konzentrationsvermögen erhalten ist, so darf zunächst eine Einschränkung der Wasserzufuhr angestrebt werden. Zeigt sich aber, daß die Kochsalzzufuhr weniger den Kochsalzgehalt als die Harnmenge zu beeinflussen vermag, dann ist ein Versuch mit einer kochsalz- und stickstoffarmen Diät geboten.

Die **kochsalzarme Nahrung** hat im wesentlichen zu bestehen aus viel Fett (Sahne, ungesalzene Butter) und Gemüsen ohne Kochsalz zubereitet. Man darf aber die kochsalzarme Nahrung nur für kürzere oder längere Perioden anwenden, nicht nur weil die fade Nahrung den Kranken bald widersteht, sondern auch weil eine allzu energische Einschränkung der Kochsalz- und Stickstoffzufuhr auch Gefahren bedingt.

Getränke. Muß man die Flüssigkeitszufuhr beschränken, so darf man dabei keineswegs zu rigoros vorgehen und den Kranken keine zu große Qual bereiten. Zur Tilgung des Durstes ist der Genuß erfrischender Obstsorten, Apfelmus, Kauen von Backpflaumen angebracht. Das Ausspülen des Mundes mit kaltem Wasser, säuerlichen Fruchtlimonaden oder Mineralwässern besänftigt ebenfalls mitunter das Durstgefühl.

Im übrigen hat sich die **Therapie nach der Ätiologie** zu richten, je nachdem ob Syphilis, Skorbut oder nervöse Störungen die Ursachen sind.

Von **Medikamenten** sind viele empfohlen worden, ohne daß eines einen sicheren Erfolg gewährleistet. In Frage kommen Belladonna, Ergotin, Valeriana, Strychnininjektionen. Mir hat sich häufig das von französischer Seite empfohlene Antipyrin in großen Dosen bis zu 8 g täglich als nützlich erwiesen.

Die Gicht.

Definition. Die Gicht ist eine auf meist angeborener und vererbbarer Disposition beruhende Stoffwechselstörung, die sich durch periodisch auftretende Anfälle charakterisiert, die in höchst schmerzhaften Entzündungen der Gelenke, Sehnenscheiden, Schleimbeutel, des Subkutangewebes bestehen. Die Anfälle werden hervorgerufen durch Ablagerung von saurem harnsaurem Natrium in den Geweben.

Ätiologie. Für die Entstehung kommt neben der Vererbung vielfach eine üppige, luxuriöse Lebensweise in Betracht. Es trägt hier nicht der Alkohol allein die Schuld, wie vielfach angenommen wird. Von der Gicht werden vorzugsweise die Weintrinker befallen, während übermäßiger Biergenuß, wenn man von dem schweren Porterbier absieht, im allgemeinen eher andere Erkrankungen verursacht. Dafür spielen gewisse Nahrungsmittel eine große Rolle, besonders eine reichliche, womöglich noch stark gewürzte Fleischkost. Ergänzend wirkt dabei noch eine sitzende Lebensweise. Es sind jedoch nicht nur die reichen Schlemmer, die von der Krankheit befallen werden, mitunter sind es sogar ganz arme Leute, die ein nichts weniger als üppiges Leben geführt und stets hart gearbeitet haben und keineswegs Potatoren sind. Hier ist die Ätiologie noch nicht geklärt. Eine weitere Ursache der Krankheit ist die Bleiintoxiation. Die „Bleigicht" muß von der anderen Gicht unterschieden werden und bedarf einer besonderen Behandlung.

Das vorwiegende Symptom der Erkrankung ist der **akute Gichtanfall,** der plötzlich bei vorhergehender völliger Gesundheit, meist in der Nacht auftritt. Mitunter gehen dem Anfall Vorboten voraus, meist Verdauungsbeschwerden, mitunter sogar Erbrechen, aber auch solche psychischer Natur, in einigen Fällen auch asthmatische Anfälle.

Der Gichtanfall befällt in der Regel, wenigstens zu Beginn der Krankheit, nur ein Gelenk, und zwar ist es vorzugsweise das Metatarsophalangealgelenk der großen Zehe. Nur ganz ausnahmsweise wird zuerst ein anderes Fußgelenk oder ein Kniegelenk befallen. Selten werden auch zwei Gelenke zu gleicher Zeit befallen, vielmehr springt die Krankheit erst, wenn sie in einem Gelenk im Abklingen ist, in andere Gelenke über. Dies gibt auch ein differientialdiagnostisches Moment gegenüber der akuten Polyarthritis. Übrigens gibt es nur sehr wenige Gichtiker, bei denen die große Zehe niemals an der Erkrankung beteiligt war.

Das befallene Gelenk schwillt im Anfall schnell an, die Haut wird intensiv gerötet, ödematös. Bewegungen sind äußerst schmerzhaft. Der Kranke hat das Gefühl, als wenn der betreffende Körperteil „fest in einen Schraubstock eingeklemmt wäre“. Daneben besteht mehr oder weniger hohes Fieber.

Tophusbildung. Im Anschluß an akute Gichtanfälle, bisweilen unabhängig von ihnen, entwickeln sich zunächst an den Gelenken und deren Umgebung die Tophi, Gichtknoten, das sind Ablagerungen von saurem harnsaurem Natrium. Anfänglich breiig und weich, werden sie mit der Zeit hart und können bis zu Hühnereigröße anwachsen. Außer an den Gelenken entwickeln sich die Tophi auch im subkutanen Bindegewebe, in den Sehnen oder Muskeln, in den Schleimbeuteln, in knorpligem Gewebe. Charakteristisch und zur Sicherstellung der Diagnose vielfach förderlich ist ihr Sitz in den Ohrknorpeln. Noch häufiger sind sie nach neueren Erfahrungen am Olekranon.

Nebenerscheinungen an inneren Organen. Während der Gichtkranke anfänglich in der anfallsfreien Zeit ein vollkommenes Wohlbefinden zeigt, treten im Laufe der Zeit doch eine Reihe von Erscheinungen an den inneren Organen auf, die bei der Behandlung, vornehmlich bei der Diät, Berücksichtigung erfordern. In Frage kommen Verdauungsstörungen verschiedener Art, Leberaffektionen wie Cholelithiasis und Lebercirrhose, letztere häufiger in der hypertrophischen Form, Nierensteine und Nierenentzündungen, Arteriosklerose mit entsprechenden Herzerscheinungen. Vielfach finden sich Katarrhe in den Respirationsorganen, Emphysem und asthmatische Erscheinungen. Wichtige Komplikationen sind Fettsucht und Diabetes mellitus. Nicht selten entstehen Veränderungen des Nervensystems, sowohl zerebrale Affektionen, die auf Veränderungen des Gefäßsystems zurückzuführen sind, als funktionelle Neurosen. Ferner sei der Erkrankungen der Augen (Glaukom, bestimmte Form der

Keratitis, Iritis) und der Haut gedacht. Die von C. Gerhardt in seinen klinischen Vorlesungen häufig ausgesprochene Ansicht, Gicht disponiere zu einem langen Leben, erfährt durch die Möglichkeit so vieler Komplikationen eine wesentliche Beeinträchtigung.

Die Anschauungen über die Entstehung und das **Wesen der Gicht** sind im Laufe der Jahre den mannigfachsten Schwankungen unterworfen gewesen. Je nach der Theorie, die man für die maßgebende annahm, haben auch die diätetischen Vorschriften für die Krankheit gewechselt und haben sich vielfach widersprochen. So gibt es wohl kaum ein Nahrungsmittel, das nicht von dem einen warm empfohlen, von dem andern ebenso streng verboten wurde. Das hat dahin geführt, daß die Gichtkranken sich vielfach nicht mehr nach ärztlichen Verordnungen richteten, sondern sich nach ihren Erfahrungen am eigenen Leibe ihre Diät selbst zurechtlegten. Die Forschungen der letzten Jahre haben etwas mehr Licht in dies Chaos gebracht. Man weiß jetzt, daß es sich bei der Gicht um eine Störung des Stoffwechsels der Purinkörper handelt.

Mit dem Namen **Purinkörper** bezeichnet man bekanntlich alle Körper, die sich auf das Purin zurückführen lassen; das sind Harnsäure sowohl wie ihre Basen, Xanthin, Hypoxanthin, Guanin, Adenin, ferner Koffein und Theobromin. Die Harnsäure des Blutes findet sich beim Gichtkranken dauernd vermehrt. Nun unterscheiden wir im Blute in bezug auf die Herkunft zweierlei Harnsäure, die „endogene", welche aus dem Bestande des Körpers gebildet wird, und die „exogene", welche aus der Nahrung stammt. Die endogene Harnsäure ist beim Gichtkranken nicht vermehrt, eher etwas unter der Norm, die Vermehrung des Harnsäuregehaltes im Blute bei Gicht ist also nur der purinhaltigen Nahrung zuzuschreiben. Aber auch bei purinarmer Nahrung bleibt das Blut harnsäurehaltig, da der Gichtkranke die Harnsäure nicht in demselben Maße auszuscheiden vermag wie der Gesunde. Der Grund liegt wahrscheinlich in einem Defekt des ganzen fermentativen Systems der Nukleinumsetzung, es besteht eine Verlangsamung aller zur Harnsäurebildung nötigen fermentativen Vorgänge nebst verminderter Harnsäurezerstörung. Der Gesunde scheidet bei einer Vermehrung der purinhaltigen Kost und ebenso nach intravenösen Injektionen von Harnsäure diese in kurzer Zeit wieder aus, während der Gichtkranke einen großen Teil zurückbehält, den übrigen langsam ausscheidet.

Findet sich auch die Vermehrung des Harnsäuregehaltes des Blutes, „Urikämie", bei der Gicht konstant, so ist sie doch für sie nicht pathognomonisch, da sie auch bei anderen Krankheiten wie bei interstitieller Nephritis, myelogener Leukämie und auch bisweilen bei Pneumonie beobachtet wird.

Reichlicher **Harnsäuregehalt des Urins** wurde früher und fälschlicherweise auch jetzt noch häufig für Bestehen gichtiger Disposition verwertet. Er ist wohl charakteristisch für eine harnsaure Diathese (Nierensteine); bei der Gicht ist die Harnsäure im Urin eher vermindert. Vor dem Anfall ist die Harnsäureausscheidung meist noch geringer, „anakritisches Depressionsstadium", um unmittelbar nach dem Auftreten des Anfalles in die Höhe zu steigen, „Harnsäureflut", erreicht am 2. oder 3. Tag ihren Höhepunkt, um dann wieder nach Abklingen des Anfalles in ein zweites, dem Anfalle nachfolgendes „postkritisches Depressionsstadium" herunterzusinken.

Für die **Entstehung des Gichtanfalles** selbst sind verschiedene Hypothesen aufgestellt, die aber alle nicht beweisend sind, so daß die Frage bisher noch ungeklärt ist. Die einen (Ebstein) nehmen eine Nekrotisierung der Gewebspartien durch die Einwirkung neutraler Urate und sekundäres Auskristallisieren von sauren harnsauren Salzen in die nekrotischen Herde an, die anderen (Minkowski, His) halten das primäre Ausfallen der Urate in den Gichtherd für wahrscheinlicher.

Die **Diagnose** der Gicht wird im allgemeinen durch die Anfälle und deren Lokalisation, ferner durch die Tophi gestellt. Erschwert wird die Diagnose, wenn die Anfälle von Anfang an einen ungewöhnlichen Sitz haben, wenn sie polyartikulär auftreten, wenn ihre Periodizität sich verwischt, vielmehr chronisch unter weniger heftigen Erscheinungen sich Gelenkverdickungen bilden, oder wenn nur Schleimbeutel und Sehnenansätze erkranken. In solchen Fällen gewährt häufig die Röntgenuntersuchung einen Aufschluß. Am einwandfreiesten wird aber das Bestehen von Gicht durch die Untersuchung des Blutes auf Harnsäure festgestellt, vorausgesetzt, daß der Patient mehrere Tage vor der Untersuchung auf eine purinfreie Kost gesetzt war. Denn die Fälle, in denen bei der Gicht normaler Purinstoffwechsel stattfindet, sind sehr vereinzelt.

Differentialdiagnose zwischen Polyarthritis. Von der akuten Polyarthritis unterscheidet sich die Gicht, abgesehen davon, daß die Erblichkeit vielfach einen Anhaltspunkt gibt, durch die Art des Anfalles und der betroffenen Gelenke. Näheres darüber haben wir Seite 45 angegeben. Auch die häufige Wiederholung der Anfälle spricht für Gicht. Zwar kann sich ein akuter Gelenkrheumatismus ebenfalls mehrmals wiederholen, jedoch erreicht die Anzahl der Anfälle niemals dieselbe Höhe, wie sie bei der Gicht zur Regel wird. Des weiteren geben hier wieder die Tophi und schließlich die Blutuntersuchung den letzten Beweis. Bei den chronischen Formen ist die Differentialdiagnose naturgemäß häufig sehr erschwert; da vielfach bei chronischem Rheumatismus sich Gicht entwickelt und diese dann vorzugsweise auch gerade die schon früher erkrankten Gelenke befällt, so ist eine Trennung der Krankheiten nicht immer möglich.

Die **Arthritis deformans** unterscheidet sich von der eigentlichen Gicht im wesentlichen dadurch, daß bei ihr keine akuten Schmerzanfälle auftreten. Die Gelenkveränderungen bilden sich meist allmählich und fast immer symmetrisch aus.

Die **Behandlung** der Gicht muß wie beim Diabetes mellitus vorzugsweise eine diätetische sein. Da, wie wir auseinandergesetzt haben, die Krankheit im wesentlichen auf einer Störung im Purinstoffwechsel beruht, muß bei der Kost auf den Puringehalt der Nahrungsmittel am meisten Rücksicht genommen werden. Es sei daher, bevor wir auf die Behandlung der einzelnen Stadien der Krankheit eingehen, angegeben, wie die einzelnen Nahrungsmittel bei der Gicht verwertet werden dürfen, insbesondere auch wie sich der Puringehalt verhält. Wir geben zunächst die Tabelle von Bessau und Schmid[1]), die den Puringehalt der wesentlichsten Nahrungsmittel bestimmt haben.

Im einzelnen geht aus diesen Bestimmungen sowie aus anderweitigen Untersuchungen hervor, daß von **Fleisch** Thymus, Leber, Niere, Hirn, d. h. die inneren kernreichen nukleoproteidhaltigen Organe am meisten gemieden werden müssen. Saftfreie Braten und extraktreiche Saucen sowie andere fleischextrakthaltige Speisen müssen von den Patienten ferngehalten werden. Daraus ergibt sich auch, daß Bouillon, sofern sie nicht

[1]) Therap. Monatshefte 1910, S. 118.

als Anregungsmittel notwendig ist, nur in geringem Maße genossen werden darf und besser durch Obstsuppen oder solche Suppen zu ersetzen ist, welche keine harnsäurebildenden Ingredienzen enthalten. Auch die Art der Zubereitung des Fleisches ist nicht ohne Belang. Da bei gekochtem Fleisch mindestens 50% der darin enthaltenen Purinbasen in die Brühe übergehen, ist dieses purinärmer als gebratenes und diesem daher vorzuziehen. Ein Unterschied zwischen weißem und rotem Fleisch besteht nicht. Hühnerfleisch enthält viel Harnsäure und kann gelegentlich einen Gichtanfall hervorrufen.

Fische sind fast ebenso harnsäurevermehrend wie Fleisch, und zwar auch hier der gebratene mehr als der gekochte; sehr purinhaltig sind Hering, Sprotten, Ölsardinen, Sardellen, Anchovis.

Auch das **purinfreie Eiweiß,** wie Milch, Eier, Milchpräparate, Plasmon, Sanatogen und dgl. darf man nicht in uneingeschränkter Menge geben, weil nachgewiesen ist, daß diese Stoffe den endogenen Puringehalt beträchtlich steigern. Natürlich muß soviel Eiweiß verabreicht werden, daß ein dauerndes N-Gleichgewicht und Wohlbefinden erhalten bleibt. Das sind 0,8—0,9 kg. Eine Einschränkung der Eiweißzufuhr ist schon aus dem Grunde geboten, weil eine Überernährung bei dem Gichtkranken vermieden werden muß.

Kohlehydrate und **Fette** bilden die Hauptnahrung der Gichtiker. Eine Einschränkung ihres Genusses ist nur unter solchen Umständen notwendig, unter denen sie auch bei demselben Patienten erforderlich wäre, wenn er nicht an Gicht litte; so vor allen Dingen wenn gleichzeitig Fettleibigkeit oder Diabetes bestehen. Wenn von einigen Seiten eine Einschränkung der Kohlehydrate gefordert wird, so liegt hierfür keine ausreichende Veranlassung vor. Im Gegenteil haben neuere Untersuchungen ergeben, daß durch Kohlehydrat- oder Fettzufuhr der Purinumsatz und damit die Harnsäurebildung im Körper verringert werden kann. Wie weit sich dies auf die nach den Untersuchungen von Bessau und Schmid purinreicheren Gemüse — wie die Hülsenfrüchte, Spinat, Rapunzeln, Kohlrabi und einige Pilzsorten — bezieht, vermag noch nicht mit Bestimmtheit angegeben zu werden. Im allgemeinen wird man hier nicht so ängstlich zu sein brauchen, da von den purinhaltigen Stoffen nur ein geringer Teil resorbiert wird. Eine vollkommene Ausschließung dieser Gemüse wird umso weniger möglich sein, weil man auch die Wurzelgemüse und Kohlarten wegen ihrer blähenden Wirkung nicht in unbeschränktem Maße verabfolgen kann.

Tabelle von Bessau und Schmid.

Fleischsorten.

100 Gramm	Basen-N in g	100 Gramm	Basen-N in g
Rindfleisch	0,037	Gehirn (Schwein)	0,028
Kalbfleisch	0,038	Leber (Rind)	0,093
Hammelfleisch	0,026	Niere (Rind)	0,080
Schweinefleisch	0,041	Thymus (Kalb)	0,330
Gekochter Schinken	0,025	Lungen (Kalb)	0,052
Roher Schinken	0,024	Huhn	0,029
Lachsschinken	0,017	Taube	0,058
Zunge (Kalb)	0,055	Gans	0,033
Leberwurst	0,038	Reh	0,039
Braunschweiger Wurst	0,010	Fasan	0,034
Mortadellenwurst	0,012	Bouillon (100 g Rindfleisch 2 Stunden lang gekocht)	0,015
Salamiwurst	0,023		
Blutwurst	0		

Fische.

Schellfisch	0,039	Hering	0,069
Schlei	0,027	Forelle	0,056
Kabeljau	0,038	Sprotten	0,082
Aal (geräuchert)	0,027	Ölsardinen	0,118
Lachs (frisch)	0,024	Sardellen	0,078
Karpfen	0,054	Anchovis	0,145
Zander	0,045	Krebse	0,020
Hecht	0,048	Austern	0,029
Bückling	0,028	Hummern	0,022

Eier.

Hühnerei	0	Kaviar	0

Milch und Käse.

Milch	0	Roquefort	0
Edamer Käse	0	Gervais	0
Schweizer Käse	0	Sahnenkäse	0,005
Limburger Käse	Spuren	Kuhkäse	0,022
Tilsiter Käse	0		

Gemüse.

100 Gramm	Basen-N in g	100 Gramm	Basen-N in g
Gurken	0	Grünkohl	0,002
Salat	0,003	Braunkohl	0,002
Radieschen	0,005	Rapunzel	0,011
Blumenkohl	0,008	Kohlrabi	0,011
Welschkraut	0,007	Sellerie	0,005
Schnittlauch	Spuren	Spargel	0,008
Spinat	0,024	Zwiebel	0
Weißkraut	0	Schnittbohnen	0,002
Mohrrüben	0	Kartoffeln	0,002

Pilze.

Steinpilze	0,018	Champignons	0,005
Pfefferlinge	0,018	Morcheln	0,011

Obst.

Bananen	0	Apfelsinen	0
Ananas	0	Aprikosen	0
Pfirsiche	0	Blaubeeren	0
Weintrauben	0	Äpfel	0
Tomaten	0	Mandeln	0
Birnen	0	Haselnüsse	0
Pflaumen	0	Wallnüsse	0
Preißelbeeren	0		

Hülsenfrüchte.

Frische Schoten	0,027	Linsen	0,054
Erbsen	0,018	Bohnen	0,017

Cerealien.

Grieß	0	Sago	0
Graupe	0	Hafermehl	0
Reis	0	Hirse	0
Tapioka	0		

Brote.

Semmel	0	Kommißbrot	Spuren
Weißbrot	0	Pumpernickel	0,003

Auch der Genuß von **Süßigkeiten** bringt dem Gichtiker keinen Schaden. Natürlich muß man einen übermäßigen Genuß aller dieser erlaubten Speisen zu vermeiden suchen, damit keine Dyspepsie entsteht, da dyspeptische Zustände leicht einen Gicht anfall zur Folge haben können.

Aus diesem Grunde verabfolgt man auch besser von den Fetten die leicht verdaulichen emulgierten Fette wie Sahne, Butter, Eigelb, weniger die anderen Fettarten wie Speck, Nierenfett usw.

Der Genuß von **Obst** ist dem Gichtiker gestattet, sofern keine Kontraindikationen aus anderweitiger Veranlassung vorliegen. Von den früher beliebten Obstkuren (Zitronen-, Kirschen-, Erdbeer-, Traubenkuren) ist jedoch abzusehen.

Scharfe **Gewürze** wie Pfeffer, Paprika, Senf müssen vermieden werden, wie denn überhaupt die Diät eine reizlose, blande sein muß. Der Grund, weshalb man die Gewürze nicht verabfolgen darf, liegt einmal in den schädlichen Reizwirkungen, welche sie auf die Verdauungsorgane und die Nieren ausüben, daneben aber auch darin, daß sie den Appetit erhöhen und die Patienten leicht zu einem übermäßigen Essen veranlassen.

Eine reichliche Darreichung von **Getränken** ist für den Gichtkranken durchaus notwendig. Doch ist die früher massenhafte Zufuhr alkalischer Mineralwässer nicht mit dem jetzigen Stand der Theorie der Krankheit vereinbar. Es wird angenommen, daß die günstigen Erfolge, die man von den Wässern gesehen hat, mehr auf der Durchspülung mit Flüssigkeit überhaupt als auf dem Alkaligehalt beruht haben. Mehr angezeigt sind Milch, kohlensäurehaltiges Wasser, Fruchtsäfte und Limonaden.

Tee, Kaffee, Kakao kann man geben. Die Purinbasen, die wir mit ihnen zu uns nehmen, gehen nicht in Harnsäure über. Sie werden zum Teil unverändert, zum Teil in anderen Formen als methylierte Purinkörper im Harn ausgeschieden. Sollten Erscheinungen von seiten des Herzens oder des Nervensystems bestehen, so gebe man koffeinfreien Kaffee.

Der **Alkohol** erfordert eine besondere Besprechung. Die Erörterung kann sich natürlich nur nach der Richtung gestalten, wie sich der Alkoholgenuß zur Gicht verhält. Daß ein übermäßiger Alkoholgenuß für die Krankheit und ihre Entstehung ganz besonders schädlich ist, ist eine altbekannte Tatsache. Sie scheint jetzt ihre physiologische Begründung zu finden, da durch neuerliche Untersuchungen festgestellt ist, daß durch Alkoholismus Störungen im Purinstoffwechsel hervorgerufen werden, ähnlich wie wir sie bei der Gicht selber kennen. Welche Form des Alkoholgenusses für die Entstehung der Gicht meistens in Betracht kommt, unterliegt noch der Erörterung. Jedenfalls kann die Konzentration des Getränkes allein nicht schuld sein, sonst müßte die Gicht bei Schnapstrinkern mehr vorkommen, als es für gewöhnlich der Fall ist. Im allgemeinen werden am meisten als ätiologisch beschuldigt reichlicher Weingenuß, besonders Champagner und die schweren Biere, wie Porter und Ale, wie sie besonders in England getrunken werden. Gelegentliche Exzesse sind imstande einen Gichtanfall hervorzurufen. Bei dem einen genügt hierzu ein Glas Champagner, bei dem andern ein Glas Kognak; hier finden sich vielfach individuelle Unterschiede. In der Regel wird der Kranke sehr bald selbst merken, was er nicht vertragen kann, und sich danach richten.

Einem gelegentlichen mäßigen Genuß von alkoholischen Getränken steht jedoch nichts entgegen. In erster Linie sind leichte Mosel- und ebensolche Obstweine zu erlauben, ferner Bier, wobei aber nicht außer acht gelassen werden darf, daß das Bier an sich Purinsubstanzen enthält, die bei Genuß größerer Mengen nicht vernachlässigt werden dürfen. Bei etwaiger Erlaubnis alkoholischer Getränke muß auf bestehende Komplikationen wie Fettleibigkeit, Nieren- oder Herzaffektionen sowie auf Erscheinungen von seiten des Nervensystems entsprechende Rücksicht genommen werden.

Es liegt auf der Hand, daß möglichst lange durchgeführte **purinfreie oder wenigstens purinarme Ernährung** für den Kranken nicht nur symptomatisch wirkt, sondern auch einen heilenden Einfluß auszuüben vermag. Durch die Fernhaltung jedes Purinnachschubes wird dem Körper Gelegenheit gegeben, sein pathologisches Plus an Harnsäure aus den Geweben zu entfernen. Versuche, die von verschiedenen Seiten angestellt worden sind, Kranke monatelang purinfrei zu ernähren, sollen einen guten Erfolg erzielt haben. Zu einer derartig strengen Diät wird man natürlich nur in solchen Fällen greifen, bei denen die Anfälle sich häufen und die Krankheit chronisch zu werden droht, weniger, wenn nur selten Anfälle auftreten und Tophusbildung fehlt. Voraussetzung einer solchen strengen Diät ist natürlich eine genaue Kenntnis darüber, wie sich der Puringehalt der Nahrungsmittel verhält. Durch die Untersuchungen von Bessau und Schmid, deren Resultate wir in der Tabelle Seite 50f wiedergegeben haben, und einiger anderer Forscher ist dies möglich.

Schwer ist die Durchführung trotzdem, da eine große Anzahl von Nahrungsmitteln, die wir täglich zu uns zu nehmen pflegen, und die wir ungern entbehren, Purin enthalten.

Zu einer solchen Kur gehört auch Energie des Patienten, da eine Übertretung der gegebenen Vorschriften leicht einen Rückschlag zur Folge haben kann. Im allgemeinen wird man auch einer derartig strengen Kur nicht bedürfen, sondern mit nur purinarmer gemischter Kost zum Ziele kommen. Jedenfalls höre man mit ihr auf, sobald sich Verdauungsstörungen bemerkbar machen, oder wenn sich innerhalb einiger Wochen oder Monate kein deutlicher Einfluß nachweisen läßt.

Obgleich für die Gicht noch mehr als für andere Krankheiten der Grundsatz gilt, daß man nicht schematisieren soll, will ich doch hier zwei Schemata für purinfreie, besser purinarme Diät angeben.

Muster einer purinfreien Diät nach Schittenhelm und Schmid.

Erstes Frühstück: Milch (eventuell mit Zusatz von koffeinfreiem Kaffee, Malzkaffee), Milchsuppen (mit Semmel oder Weißbrot, Biskuit, Reis, Mehl, dazu Ei und Zucker), Haferschleimsuppen, Semmel, Butter, Fruchtgelee oder Honig.

Zweites Frühstück: Eierspeisen, Obst, Käse, Butter mit Brot, Blutwurst, Kaviar, Yoghurt, saure Milch.

Mittags: Kaltschale, Suppen mit Zerealien (Grieß, Graupe, Reis, Tapioka, Sago), Mehlspeisen (Nudeln, Makkaroni, Reis, Omelette, Pasteten, Klöße, Pudding). Gemüse: Gurken, Weißkraut, Mohrrüben, Zwiebeln (Schnittbohnen, Kohlarten, Salat, Kartoffel), Früchte, gekocht und roh, Käse, (Milch, Edamer, Schweizer, Limburger, Tilsiter, Roquefort, Gervais, Butter, Semmel).

Nachmittags: Milch, Gebäck.

Abends: Auslese aus dem ersten und zweiten Frühstück.

In dieses Schema ist die Aufnahme der in Klammern () gesetzten Gemüse und die nach dem Grade der Erkrankung verträglichen Purinzulagen einzufügen. Die Purinzulage muß vormittags oder mittags gereicht werden; abends muß die Diät jedenfalls purinfrei gehalten werden.

Muster einer purinarmen Diät nach Brugsch.

Morgens: Koffeinfreier Kaffee mit 50 g Sahne oder 100 g Milch, 150 g Weißbrot, 25—50 g Butter, 25—50 g Honig, Fruchtgelee, Marmelade.

Zweites Frühstück: 2 Eier oder 50—100 g Käse (Emmentaler, Quark, Limburger, Holländer, Fromage de Brie, Sahnenkäse, Roquefort, Kuhkäse, Edamer Käse usw.), 25—75 g Weiß brötchen, 25 g Butter.

Mittags: 300 g einer sämigen Suppe (Grieß, Graupen, Reis, Tapioka, Sago, Hafermehl oder Fruchtsuppe [cave Bouillon!]), 150 g Kartoffeln, eventuell als Kartoffelmus, 150 g grüne Gemüse (durchs Sieb geschlagen), eventuell Salate, 200 g Pudding (Grieß, Reis, Mondamin) mit Fruchtsauce oder Kompott (in das gesamte Mittagessen lassen sich 50—100 g Butter verarbeiten).

Nachmittags: Koffeinfreier Kaffee mit Milch oder Sahne, 50—100 g gerösteter Zwieback mit Butter (25—50 g) oder Marmelade.

Abends: Omelette mit Marmelade oder Rührei oder Eier in sonstiger Form (eventuell auch eine Mehl-, Grieß- oder Reisspeise mit Fruchtsaucen), 100 g Brot mit 25 g Butter, 50 g Käse, 100 g Obst.

Eventuell mittags und abends: 2 mal 20 Tropfen Acidum hydrochloricum dilutum. Tafelgetränk: Erdige Säuerlinge, z. B. Selters, Römerbrunnen, Wildunger Georg-Victor-Quelle, Reinhardshausener Reinhardsquelle u. a. m. zirka $^3/_4$—1 Liter

Diese Diät kann durch Zugaben von Butter, Sahne, Speck oder durch Fortlassen dieser beliebig kalorisch verändert werden.

Um das dem Gichtkranken erlaubte Fleischmaß zu bestimmen, haben von Noorden und Schliep eine **Toleranzbestimmung** angegeben in der Weise, daß sie nach einer purinfreien Ernährungsperiode den Einfluß einer gewissen Fleischmenge (200—400 g) auf die Harnsäureausscheidung studierten. Den gleichen Zweck verfolgt Umber, indem er dem purinfrei ernährten Kranken eine bestimmte Purinzulage, gewöhnlich 200 g, verabreicht und nun beobachtet, wieviel Tage die Harnsäure braucht, um wieder zu ihrem endogenen Werte abzusinken. Je nach dem Ausfall dieser Beobachtung regelt er die Mengen Fleischzulage und die fleischfreien Tage. Auf diese Weise vermeidet er eine Anhäufung von Purinstoffen im Blut.

Den Weg, den die Autoren hier einschlagen, indem sie analog wie beim Diabetes mellitus die Diät bestimmen, ist vom theoretischen Standpunkt nur gutzuheißen; praktisch erheben sich dagegen doch noch zuviel Bedenken, als daß man sie zum allgemeinen Gebrauch empfehlen kann.

Die **Tageseinteilung der Mahlzeiten** ist für den Gichtkranken von besonderer Bedeutung. In der Nacht findet eine weitgehende physiologische Herabsetzung der Harnsäureausscheidung statt, die von einer konstant auftretenden hohen Harnsäureausscheidung in den Morgenstunden gefolgt wird, und zwar betrifft diese physiologische nächtliche Retention nicht nur den endogenen, sondern auch den exogenen Purinstoffwechsel. Aus diesem Grunde empfiehlt es sich für den Gichtkranken, seine Hauptmahlzeit spätestens in den Mittagsstunden einzunehmen. Bei der sogenannten englischen Tischzeit fällt die größte Harnsäureausbildung im Körper mit der Zeit physiologischer Retention zusammen. Somit steht der Gichtiker dann unter besonders ungünstigen Verhältnissen seines Purinstoffwechsels. Die Zahl der Mahlzeiten soll keine zu große sein, in der Regel beschränke man sich auf drei Mahlzeiten. Dabei mag das Frühstück etwas reichhaltiger sein, damit eine Überladung des Magens beim Mittagessen vermieden wird.

Neben den allgemeinen Grundprinzipien für die diätetische Behandlung der Gicht sind die Maßnahmen zu berücksichtigen, die für die einzelnen Stadien in Betracht kommen. Hier müssen wir unterscheiden:

1. die Prophylaxe,
2. die Behandlung des akuten Anfalls,
3. die Behandlung in der Zwischenzeit,
4. die Behandlung der chronischen Gicht.

1. Prophylaxe.

Eine Prophylaxe kann nur insofern ausgeübt werden, als Personen, die erblich zu der Krankheit disponiert sind, eine mäßige, zweckentsprechende Lebensweise führen. Dabei muß berücksichtigt werden, daß eine Veranlagung nicht nur bei den Nachkommen von Gichtkranken besteht, sondern auch bei der von solchen Eltern, besonders Vätern, die an einer andern denen Krankheiten leiden bzw. gelitten haben, die man unter dem Symptomenkomplex Arthritismus zusammenfaßt. Besondere Merkmale, die frühzeitig auf eine gichtige Disposition hinweisen, besitzen wir an den Organen nicht. Läßt sich eine Schädigung im Nukleinstoffwechsel ohne arthritische Veränderungen nachweisen, so ist es angebracht, eine Schonungsbehandlung einzuleiten. Die Vorsichtsmaßregeln, die ein Mensch, über dem das Damoklesschwert der Gicht schwebt, treffen kann, decken sich mit denen, die ein Gichtkranker wahren muß, um einem neuen Anfall vorzubeugen. Sie bestehen vorwiegend in Enthaltsamkeit von üppiger Lebensweise, Vermeidung von Exzessen in Speisen und Getränken, namentlich Enthaltung von Alkohol, und Einführung möglichst purinfreier Nahrung. Angebracht sind körperliche Übungen, eventuell an medico-mechanischen Apparaten. Eine sitzende Lebensweise ist nach Möglichkeit zu vermeiden.

2. Akuter Anfall.

Während des akuten Anfalles darf man nur eine leichte, reizlose, zumeist flüssige Diät geben, wie man sie bei akuten fieberhaften Krankheiten zu verabfolgen pflegt. Da der Appetit in dieser Zeit meist von selbst daniederliegt, wird man mit der Einschränkung der Nahrung keine Schwierigkeiten haben. In Betracht kommen vornehmlich Mehl- und Schleimsuppen, Milch, Eier, ferner leichtverdauliche Gemüse, geringe Mengen von Gelee und Mehlspeisen; von Fleisch nur die leichteren Arten, wie Huhn, Taube und ähnliche. Purinhaltige Nahrungsmittel wie etwa Kalbsmilch, sind aufs strengste zu untersagen. Als Getränke gebe man Wasser und leichte Säuerlinge mit Fruchtsäften. Alkohol ist nur erlaubt, wenn gleichzeitig Herzschwäche besteht. Dauert der Anfall längere Zeit, so muß die Nahrung kräftiger sein, damit der Ernährungszustand nicht leidet.

Brugsch gibt folgendes Schema für die Zeit des Anfalles:

Morgens: Koffeinfreier Kaffee mit Milch, Zwieback mit Butter.

2. Frühstück: Zwieback mit Butter.

Mittags: Hafermehlsuppe, durchs Sieb geschlagenes Gemüse (Mohrrüben, Blumenkohl, Maronen), Kartoffelmus, Kompott, (Apfelmus, Pflaumenmus).

Nachmittags: Koffeinfreier Kaffee mit Milch.

Abends: Milchreis oder Grießbrei resp. leichter Pudding mit Kompott oder Fruchtsauce.

3. und 4. Diät in der Zwischenzeit und bei der chronischen Gicht.

Auf die spezielle diätetische Behandlung in der Zwischenzeit und bei der chronischen Gicht brauche ich an dieser Stelle nicht mehr näher einzugehen. Die Richtschnur, wie hier zu verfahren ist, ist bereits bei der allgemeinen Besprechung gegeben. Die Ernährung muß purinfrei oder wenigstens purinarm sein. Die Frage, wieviel purinhaltige Nahrung zu erlauben ist, kann für den einzelnen Fall und für einen bestimmten Zeitpunkt der Krankheit nicht schematisch beantwortet werden. Da die Toleranzbestimmungen, wie oben angegeben, uns keinen entscheidenden Anhaltspunkt für die Frage liefern, so muß man tastend vorwärtsgehen, je nach dem jeweiligen Befinden des Kranken, seinem Ernährungszustand, seiner Verdauungstätigkeit zulegen oder einschränken. Hin und wieder, soweit es die gegebenen Verhältnisse gestatten, bestimme man den Harnsäuregehalt des Blutes und ziehe aus dem Befund die Konsequenzen für die Art der Ernährung. Natürlich muß man solche Nahrungsmittel verbieten, deren Genuß einen Gichtanfall hervorrufen kann. Vielfach finden die Kranken selbst heraus, daß das ein oder das andere Gericht oder Getränk ihnen schädlich ist, und vermeiden es von selbst. Der Arzt braucht hier meist gar nicht mit der Strenge vorzugehen wie z. B. beim Diabetes. Denn ein paar Prozent Zucker mehr im Urin werden, wenn sie auch dem Organismus verderblich sein können, leichter hingenommen als ein Gichtanfall mit seinen oft unerträglichen Schmerzen. Alle Exzesse im Essen und Trinken sind zu untersagen. Besonders oft sieht man, wie gesagt, Anfälle nach Genuß von Champagner, ferner Südweinen und Burgunder, sowie nach verschiedenen Biersorten, vornehmlich den englischen. Bei anderen wiederum treten Anfälle nach säurehaltigen Nahrungsmitteln auf, wie Zitrone, sauren Äpfeln, Stachelbeeren.

Diät bei Komplikationen.

Die Komplikationen der Gicht bereiten der Ernährung im allgemeinen wenig Schwierigkeiten. So ist bei einer bestehenden **Fettleibigkeit** die Gichtdiät nur zuträglich, da auch bei der Gicht vor allen Dingen eine üppige Lebensweise vermieden werden muß. Etwas schwieriger ist es bei gleichzeitigem **Diabetes.** Wir haben bereits bei Besprechung dieser Krankheit darauf hingewiesen, daß beide Krankheiten häufig alternierend vorkommen, und daß, je nachdem welche Krankheit in einem gegebenen Zeitpunkt im Vordergrund steht, die Diät einzurichten ist. Dabei muß man aber, wenn man den Diabetes zu bekämpfen hat, doch Rücksicht darauf nehmen, daß die Nahrungsmittel nicht zu hohen Puringehalt haben, um nicht einen Gichtanfall zu provozieren. Aus dem gleichen Grunde muß man mit den dem Diabetiker mitunter wohl nützlichen Alkoholicis haushalten.

Nierenaffektionen. Treten bei der Gicht Erscheinungen von seiten der Nieren auf, so ist reichlich Milch zu verabfolgen; ferner sind Kohlehydrate und Fette dem Eiweiß vorzuziehen. Die Art und die Menge, in welcher letzteres gereicht werden darf, hängt von der Natur der Nierenerkrankung und ihrem jeweiligen Stand ab.

Auf eine etwa bestehende **Herzaffektion** muß Rücksicht genommen werden. Herzschwäche ist mit Alkohol zu bekämpfen; hier tritt die Rücksicht auf die Gicht in den Hintergrund. Die sonst für den Gichtkranken so nützliche reichliche Flüssigkeitszufuhr bedarf hier einer Einschränkung.

Medikamentöse Therapie.

Den Medikamenten fällt bei der Gicht die Aufgabe zu, eine bessere Ausscheidung der Harnsäure und eine günstigere Gestaltung ihrer Lösungsbedingungen zu erzielen. Die meisten zu diesem Zweck empfohlenen Mittel haben den Erwartungen nicht entsprochen, die man auf sie gesetzt hatte. Das wirksamste Mittel bei der Gicht ist das Colchicum und seine Präparate. Die vielen gegen Gicht angepriesenen Geheimmittel verdanken ihren Erfolg dem in ihnen enthaltenen Colchicum, das sie in Mengen enthalten, die vorsichtige Ärzte nicht zu verordnen wagen; hierher gehören der häufig sehr günstig wirkende Liqueur Laville und Alberts Remedy (bei beiden $\frac{1}{2}$—1 Teelöffel mehrere Tage morgens nüchtern). Diese Mittel helfen am besten, wenn man sie zeitig, bei Beginn eines Anfalles, gibt. Colchicum verordnet man als Tinct. Colchici (3 mal täglich 20—30 Tropfen) oder als Colchicin besonders in Form der Houdéschen Granules, von denen man täglich 3—4 in kurzen Intervallen gibt.

Salzsäuretherapie. Falkenstein empfiehlt die Darreichung von Salzsäure in großen Dosen. Er verabreicht etwa 80—90 Tropfen reiner Salzsäure täglich (je 10—15 Tropfen auf ein Glas Wasser), und zwar je eine Portion vor, während und nach dem Mittagessen und Abendessen. Obgleich die Theorie, auf die sich diese Behandlung stützt, nämlich, daß die Gicht auf eine Magenerkrankung mit Funktionsstörung der sezernierenden Drüsen zurückzuführen sei, kaum haltbar ist, so geben doch vielfache praktische Erfolge Veranlassung, sie immerhin zu versuchen.

In neuester Zeit hat sich die Behandlung mit **Atophan** in vielen Fällen als wirkungsvoll erwiesen. Es steigert die Harnsäureausscheidung im Urin in einem Maße, wie das bisher von keinem anderen Präparat bekannt war. Es koupiert den Gichtanfall oder mildert ihn wenigstens. Man gibt es sofort beim ersten Auftreten von Erscheinungen in Tabletten von 0,5. Sind bereits 2—3 Tage seit Beginn der Erkrankung verflossen, so muß man 3—4 mal täglich 1 g geben. Hat man 10 g Atophan ohne genügende Wirkung gegeben, so setze man das Mittel 3—4 Tage aus und beginne dann von neuem mit einer stärkeren Dosierung (3—5 g täglich) 2—3 Tage lang. Bei Gichtkranken mit schmerzhaften Tophis, juckenden Ekzemen, leichten Phlebitiden usw. ist nach Verbrauch von ca. 10 g innerhalb 3—4 Tagen die Medikation auszusetzen und dann längere Zeit hindurch mit 8—10 tägigen Intervallen immer wieder 2—3 Tage lang je 3 g täglich nehmen zu lassen. In dieser Form sollen es auch beschwerdefreie Gichtkranke nehmen, die der Wiederkehr von Anfällen vorbeugen wollen.

Unrationell ist bei chronischen Gichtkranken das täglich fortgesetzte Einnehmen einer einmaligen Dosis von Atophan[1]).

Die **Radiumtherapie** findet bei der Gicht viele Lobpreiser; sie soll weniger bei den akuten Anfällen als bei der chronischen Form von Nutzen sein. Leider sind die bisherigen Veröffentlichungen über diese Methode nicht frei von subjektiven Auffassungen, so daß ihr Wert von der Parteien Gunst und Haß verwirrt noch schwankt.

---

[1]) Die vielen früher gegen Gicht empfohlenen und auch heute noch häufig verordneten Präparate, wie Piperazin, Uricedin, Urosin, Sidonal, Chinotropin, Citarin, übergehen wir, weil sie den jetzigen Kenntnissen von der Theorie der Gicht nicht standhalten.

Für die **lokale Behandlung** der entzündeten Gelenke gibt es keine einheitlichen Vorschriften. Feuchte Umschläge, teils heiße, teils kalte, bringen einigen Kranken Erleichterung, während andere überhaupt keine Feuchtigkeit vertragen können und trockene Wärme vorziehen; vor allem müssen die befallenen Gelenke ruhiggestellt werden. Einpinselungen mit Ichthyolsalben, Iodtinktur und ähnlichen Mitteln wirken mitunter schmerzlindernd. In anderen, mehr chronischen Fällen wieder sieht man einen Nutzen von Moorumschlägen, von Heißluft oder Massage. Besonders wirksam zur Beseitigung heftiger Schmerzen hat sich die Anwendung der Diathermie erwiesen. Verschiedentlich ist auch Elektrizität mit Erfolg angewendet worden.

Erwähnt sei noch, daß man die Kranken nach Ablauf eines Anfalls nicht lange im Bett liegen lassen soll.

Balneotherapie.

Bäder sind angezeigt in Teplitz, Wildbad, Gastein, Ragaz, Salzschlirf, ferner Wiesbaden, Öynhausen, Nauheim; bei chronischen Gelenkerkrankungen Moor- und Schlammbäder wie Eilsen, Nenndorf, Franzensbad, Pistyan.

Bleigicht.

Daß Gicht durch Blei ohne weitere ätiologische Momente erzeugt werden kann, steht jetzt wohl fest, doch bedarf es zum Ausbruch der Krankheit einer sehr langen Intoxikationsperiode.

Klinische Symptome. Klinisch ist bemerkenswert, daß die Erkrankung in relativ jugendlichem Alter auftreten kann und sich in kurzer Zeit mit großer Schnelligkeit über viele Gelenke des Körpers verbreitet. Dabei werden häufig Gelenke befallen, die bei der gewöhnlichen Gicht nie oder nur äußerst selten betroffen werden. Die Neigung zu Tophusbildung und deformativen Prozessen ist hier eine viel ausgeprägtere als bei der gewöhnlichen Gicht.

Die **Diät** des akuten Anfalls ist die gleiche wie bei der andern Gicht. Da auch hier eine Harnsäurerentention stattfindet, muß die Diät purinarm sein. Die weitere Behandlung muß darauf gerichtet sein, das Blei aus dem Körper zu entfernen und neuen Intoxikationen vorzubeugen. Sie unterscheidet sich also in nichts von der Therapie, die bei anderen Formen der Bleiintoxikation anzuwenden ist.

Arthritis deformans.

Die Arthritis deformans, die vielfach als Gicht der Armen bezeichnet wird, hat ätiologisch mit der Gicht nichts zu tun. Wenngleich ihre eigentliche Entstehung noch unklar ist, darf doch soviel als sicher angenommen werden, daß ungünstige hygienische Verhältnisse und mangelhafte Ernährung bei ihr eine gewisse Rolle spielen. Wir finden die Krankheit häufig bei älteren, alleinstehenden Frauen, die teils aus Not, teils aus Bequemlichkeit nicht genügend für ihre Ernährung sorgen, bei denen Kaffee nicht ein Genuß-, sondern das Hauptnahrungsmittel bildet. Die Krankheit selbst zeichnet sich dadurch aus, daß sie allmählich, ohne akute Schmerzanfälle entsteht und meistens symmetrisch die Fingergelenke befällt. Verwechslungen mit atypisch verlaufender Gicht sind leicht möglich. Vermehrter Puringehalt im Blute und Uratablagerungen sprechen hier für letztere.

Der Ursache entsprechend ist bei der **Therapie** das Hauptgewicht auf eine ausreichende, kräftige Ernährung zu legen. Dabei kommt es weniger darauf an, was gegeben wird, als daß überhaupt so ernährt wird, daß die Körperkräfte sich heben. Das beste ist allerdings eine eiweißreiche, vorwiegend animalische Kost, daneben muß für ausreichende Fettzufuhr gesorgt werden. Kohlehydrate sollen nur in mäßigen Mengen und in einer die Verdauung möglichst wenig belästigenden Form verabfolgt werden. Milch ist natürlich hier ganz besonders geeignet.

Die medikamentöse Behandlung ist meist nur von geringem Erfolg gekrönt. So ist gerade hier von den Salizylpräparaten nicht viel zu erwarten, eher sind noch Jod und Arsen angezeigt.

Bessere Resultate sieht man von mediko-mechanischer Behandlung, Massage, Heißlufthyperämie, eventuell heißen Sandbädern, mitunter auch von Elektrizität.

Badekuren in Teplitz, Wiesbaden, Wildbad, Ragaz, Baden-Baden, Gastein, Öynhausen u. a. sind hier am Platze, ferner Moor- und Schlammbäder wie in Franzensbad, Elster, Pistyan

Die steinbildenden Diathesen.

Diejenigen Harnbestandteile, die zu Konkrementbildung Veranlassung geben, sind Harnsäure, Oxalsäure, phosphorsaurer und kohlensaurer Kalk (nebst Magnesia und

Ammoniak), seltener Zystin und Xanthin und ganz ausnahmsweise Indigo. Gewöhnlich enthalten die einzelnen Steine ein Gemenge dieser Körper und erhalten ihren Namen von dem Hauptbestandteile.

Die durch die Steinbildung hervorgerufenen Anfälle sind unabhängig von der Natur der Konkremente und nur der Aus druck einer Fremdkörperreizung. Für die Symptomatologie, Diagnose, Therapie des akuten Anfalls ist die chemische Beschaffenheit der Steine ohne Belang.

Es dürfte die Nephrolithiasis als solche kaum in das Bereich der Stoffwechselstörungen und somit auch nicht in dieses Buch gehören; wir können auf ihre Besprechung um so eher verzichten, da über die Diätetik des akuten Anfalls nicht viel zu sagen ist. Dort aber, wo es sich um Bekämpfung der Veranlagung und der Verhütung weiterer Schädigungen handelt, müssen wir uns nach der chemischen Zusammensetzung der Steine richten. Daher bedürfen die verschiedenen Diathesen hier einer be sonderen Besprechung.

1. Harnsaure Diathese.

Unter harnsaurer Diathese verstehen wir einen Zustand, der sich dadurch kennzeichnet, daß sich im Urin Harnsäure als Sediment in Form von harnsauren Salzen und von krystallinischer Harnsäure ausscheidet, während die Harnsäure selbst im Verhältnis zur Purinzufuhr in ganz normaler Weise ausgeschieden wird. Dadurch unterscheidet sich die harnsaure Diathese von der Gicht, bei der wir ja gerade eine Herabsetzung der Harnsäureausscheidung finden. Darum ist es auch vollkommen gerechtfertigt, die Gicht aus dem Begriff der harnsauren Diathese abzusondern und als Krankheit sui generis zu behandeln. Zu weit geht man jetzt aber, wenn man ableugnen will, daß überhaupt Beziehungen zwischen beiden Krankheiten bestehen, sei es nun, daß die Steinkrankheit in Familien, in welchen Gicht heimisch ist, häufig auftritt, oder daß bei demselben Kranken beide Krankheiten sich vereint finden. Es dürfte nicht schwer fallen, für die Erhärtung dieser Tatsachen eine Anzahl von klinischen Beispielen herbeizubringen, sofern man sich nicht auf die zahlreichen erfahrenen Autoren alter und neuer Zeit verlassen will, die das bereits konstatiert haben. Erbliche und Familien-Anlage spielen bei der

Bildung von Harnsäuresteinen unzweifelhaft eine Rolle. Es dürfte aber auch die Lebensweise und die Ernährung mit als Ursache in Frage kommen, wie üppige, eiweißreiche Kost, Genuß alkoholischer Getränke, namentlich saurer Weine, sitzende Lebensweise.

Zur Bildung von Konkrementen müssen noch Bindemittel vorhanden sein, welche das ausgefallene Sediment verdichten und zusammenhalten. Mechanische Momente, die die Steinbildung begünstigen, sind Fremdkörper in den Nieren sowie Parasiten (Distomum) und wohl auch Blutgerinsel und Gewebefetzen. Sie dienen als Kern, um den sich die Niederschläge bilden.

Die Therapie hat in erster Linie darauf bedacht zu sein, die Harnsäuremenge des Urins herabzusetzen. Dies geschieht einmal dadurch, daß wir in der Nahrung diejenigen Speisen vermeiden, die als Harnsäurebildner in Frage kommen. Welche Stoffe dies sind, haben wir bei der Gicht des näheren ausgeführt. Sodann müssen wir darauf sehen, die Lösungsfähigkeit des Harns für Harnsäure zu erhöhen. Neben dem Obst, dessen pflanzensaure Salze die Alkaleszenz des Harnes erhöhen, kommen hier die alkalischen Mineralwässer in Betracht, die in reichlicher Menge genossen werden müssen, wie diejenigen von Aßmannshausen, Bilin, Fachingen, Gießhübel, Neuenahr, Obersalzbrunn, Offenbacher Kaiser-Friedrichs-Quelle, Salvatorquelle, Salzschlirfer Bonifaziusquelle, Vichy.

Medikamentös erreicht man dasselbe durch Natrium bicarbonicum, welches man messerspitzenweise eventuell auch in den genannten Tafelwässern verabfolgt. Bei Katarrh der Harnwege oder bei Diarrhoen gibt man statt dessen gut Calcium carbonicum, mehrmals täglich eine Messerspitze in Selterwasser, ferner Magnesia borocitrica.

Rp.	Magnesiae borocitr.	50,0
	Sacch. alb.	100,0
	Ol. Citri.	1,0

D. S. 3 mal täglich 1 Teelöffel in Sodawasser. Künstliche Mittel, die harnsäurelösend wirken, sind teurer und weniger wirksam. Solche Mittel sind Uricedin (2 mal täglich 1 g), Urotropin = Hexamethylentetramin (3—4 mal täglich 0,5 in Wasser), ferner Lysidin, Lycetol, Urosin (chinasaures Lithium), Chinotropin und Neusidonal.

Von Bädern kommen Karlsbad, Vichy, Mergentheim, Kissingen, Ems, Wiesbaden, Tarasp und die obengenannten Brunnen in Betracht.

Oxalsaure Diathese, Oxalurie.

Unter Oxalurie versteht man die Ausscheidung einer abnorm großen Menge von oxalsauren Salzen, zumeist oxalsaurem Kalk durch den Urin. Die Quelle der Oxalsäure im Harn kann einmal exogen sein, indem die Oxalsäure der Nahrung entstammt, sodann endogen durch im Stoffwechsel gebildete Oxalsäure. Die letztere Form hat ihren Ursprung wohl in den Leimsubstanzen (Glykokoll) des Körpers, ferner dem Methylglykokoll oder Kreatinin der Muskeln, vielleicht auch in der Glykokollsäure der Galle. Der oxalsaure Kalk wird im Sediment durch die charakteristischen Krystalle von Briefkuvertform nachgewiesen. Das konstante Vorkommen dieser Krystalle ist für die Pathologie von Bedeutung, da sie zur Bildung von Konkrementen Veranlassung geben können. Ihre Anwesenheit gibt keineswegs einen Aufschluß über die Menge der ausgeschiedenen Oxalsäure überhaupt, da diese durch saure Phosphate und ganz besonders durch Magnesia in Lösung gehalten werden kann. Eine Vermehrung der in Lösung ausgeschiedenen Oxalsäure, wie sie bei den verschiedensten Krankheitszuständen beobachtet worden ist, ist ohne klinisches Interesse.

Ein typisches Krankheitsbild für die Oxalurie, wie es Cantani konstruieren wollte, gibt es nicht. Sie ist zumeist Begleiterscheinung anderer Krankheiten, wie Ikterus, Diabetes mellitus, Gicht, Emphysem und anderer Respirationsstörungen, Verdauungsstörungen, endlich ganz besonders der Neurasthenie und der Spermatorrhoe.

Die Therapie hat entsprechend der Entstehung der Krankheit die Aufgabe:

1. die Menge der im Harne ausgeschiedenen Oxalsäure zu vermindern,

2. die Löslichkeit des oxalsauren Kalkes im Harne zu erhöhen.

Zur Durchführung der ersten Aufgabe ist es notwendig, den Gehalt der wichtigsten Nahrungsmittel an Oxalsäure zu kennen. Nach einer Zusammenstellung von Esbach haben die verschiedenen Nahrungsmittel folgenden Gehalt an Oxalsäure:

In 1000 g	Oxalsäure in Gramm
Schwarzer Tee	3,7
Kakao	4,5
Schokolade	0,9
Kaffee (Melange d'Amateurs)	0,1
Cichorie	0,7
Mehle, verschiedene	0,017
Brot	0,047
Brotrinde	0,13
Kartoffeln	0,4
Reis	zweifelhaft
Linsen	„
Erbsen	„
Grüne Erbsen	„
Bohnen	0,3
Grüne Bohnen	0,2
Sauerampfer	3,6
Spinat	3,2
Rosenkohl	0,02
Weißkohl und Blumenkohl	zweifelhaft
Spargel	„
Weiße Rüben	„
Gelbe Rüben	0,03
Rote Rüben	0,4
Pilze	zweifelhaft
Sellerie	0,02
Tomaten	0,03
Gurken	zweifelhaft
Zwiebeln	„
Lauch	„
Endivien	0,1
Kresse	Spuren
Lattich	zweifelhaft
Pfeffer	3,2
Rhabarber	2,4
Feigen, getrocknet	1,0
Stachelbeeren	0,13
Pflaumen	0,12
Erdbeeren	0,06
Äpfel	Spuren
Birnen	zweifelhaft
Aprikosen	„
Pfirsiche	„
Weintrauben	„
Melonen	„

Aus dieser Tabelle geht hervor, daß die Ernährung hauptsächlich aus Eiweiß und Fett zu bestehen hat. Nur Thymus,

Milz, Leber, Lunge sind möglichst zu vermeiden, da sie auch etwas Oxalsäure enthalten.

Von Vegetabilien sind vor allem Spinat, Sauerampfer, Rhabarber, Artischocken, Bohnen und rote Rüben untersagt, auch die übrigen Gemüse und Obst sind nur in beschränktem Maße analog der Tabelle erlaubt.

Tee und Kaffee, Kakao sind nur in sehr verdünnter Form zu genießen. Da aber viel Flüssigkeit zugeführt werden muß, um den Harn zu verdünnen, so lasse man reichlich Wasser trinken, oder die kohlensäurehaltigen, weniger stark alkalischen Wässer, wie Apollinaris, Harzer Sauerbrunnen, Gießhübler, Fachinger, Vichy u. a. Alkoholische Getränke sind nicht besonders kontraindiziert.

Wegen ihres Kalkgehaltes sind Eier, Milch und Kohlgemüse zu vermeiden.

Leim und stark leimhaltige Nahrungsmittel sind als oxalsäurebildend zu untersagen.

Phosphatdiathese, Phosphaturie.

Unter Phosphaturie versteht man eine auffallende Ausscheidung von Phosphaten im Urin, die sich in einer milchigen oder flockigen Trübung des Harns äußert. Der Zustand ist wie bei der Oxalurie nicht abhängig von der Größe der Phosphatausscheidung; die klinische Bedeutung liegt hier wie dort in der Ausscheidung des Sedimentes, das zur Konkrementbildung führen kann. Ebenso ist auch hier nicht das vorübergehende, sogar physiologisch vorkommende Auftreten, sondern nur das konstante pathologisch wichtig. Die Ursache kann hier ebenso exogen wie endogen sein.

Auch die Phosphaturie ist kein einheitliches, scharf abgegrenztes Krankheitsbild, sondern ein Symptom, welches bei verschiedenen Krankheiten und auch bei diesen nicht regelmäßig beobachtet wird. In Frage kommen hier Diabetes mellitus und insipidus, Tuberkulose und einzelne Knochenaffektionen, ferner Hypersekretion des Magens und bestimmte Formen von Neurasthenie. Auch nach Verlauf von Dickdarmkatarrhen hat man sie gesehen.

Die Therapie hat zunächst diese Krankheiten entsprechend zu berücksichtigen. Führt die Behandlung der Ursachen nicht zum Ziele, oder sind solche nicht aufzufinden, so muß man die Azidität des Harns zu steigern suchen. Dies geschieht medikamentös durch anorganische Säuren, wie Salzsäure, oder organische Säuren, die im Organismus nicht zu Kohlensäure oxydiert werden, wie Benzoesäure und Salizylsäure.

Vorwiegend sucht man aber die Azidität durch die Ernährung zu beeinflussen, indem man viel Fleisch, Eier, Käse, Zerealien und Leguminose verabreicht.

Kartoffeln, Wurzel und grünes Gemüse, vor allem aber Obst sind zu vermeiden. Desgleichen sind kalkreiche Nahrungsmittel, zu denen insbesondere die Milch gehört, zu verbieten. Im folgenden geben wir eine Tabelle aus Bunges Lehrbuch der physiologischen Chemie wieder, die uns über den Kalkgehalt verschiedener wichtiger Lebensmittel Auskunft erteilt.

Auf 100 g Trockensubstanz kommen:

	Milligramm Kalk (Ca.0)
Zucker	0,0
Honig	6,7
Rindfleisch	29,0
Weißbrot	46,0
Trauben	60,0
Grahambrot	77,0
Birnen	95,0
Kartoffeln	100,0
Datteln	108,0
Hühnereiweiß	130,0
Erbsen	137,0
Pflaumen	166,0
Frauenmilch	243,0
Eidotter	380,0
Feigen	400,0
Erdbeeren	483,0
Kuhmilch	1510,0

Die Fettsucht.

Die Fettsucht ist kaum als eine Krankheit sui generis anzusehen, sondern mehr als ein Symptom. Dabei kann sich das Fett sowohl in gleichmäßiger Weise im ganzen Organismus ablagern, als auch an bestimmten Prädilektionsstellen.

Ursachen der Fettsucht. Die Ursache der Erscheinung kann eine habituelle sein, die durch die Lebensgewohnheiten des Individuums hervorgerufen ist, oder eine konstitutionelle durch Veranlagung. Wir sehen Fettleibige, die ihren Zustand durch übermäßig starke Nahrungsaufnahme herbeigeführt haben, wobei in der Regel noch dem Alkohol ein Teil der Schuld zufällt, andere, die zwar im Essen und Trinken mäßig sind, aber eine vorwiegend sitzende Lebensweise führen und überhaupt bequem veranlagt sind. Im Gegensatz hierzu gibt es noch eine dritteGruppe Fettleibiger, die im Essen und Trinken durchaus mäßig sind und ebenfalls ausreichende körperliche Bewegung haben, bei denen also die Lebensweise nach keiner Richtung hin genügenden Aufschluß für die Entstehung des Zustandes gibt. Hier liegt zumeist eine hereditäre oder familiäre Veranlagung vor. Wodurch diese begründet ist, ist noch nicht genügend erwiesen. In das Bereich dieser konstitutionellen Fettsucht gehört auch die Fettsucht kastrierter Männer und Frauen sowie die klimakterische Fettsucht der Frauen. Ob die mitunter bei Anaemie und Chlorosis vorkommende Fettleibigkeit ebenfalls hierher gehört, bleibe dahingestellt.

Indikation der Kur. Es ist eigentümlich, daß in der Frage der Einleitung einer Kur das Verlangen des Arztes häufig mit den Wünschen des Patienten in Widerspruch steht. Dort wo der Arzt eine Entfettungskur für notwendig erachtet, wird ihm der Kranke vielfach aus Phlegma Schwierigkeiten bereiten, während andererseits die Eitelkeit, namentlich von Frauen, den Arzt häufig zu einer Kur zu veranlassen sucht, wo er es für überflüssig, vielleicht sogar für schädlich ansieht. Es wird die Aufgabe des Arztes sein, in dem ersteren Falle durch Energie und Auswahl einer geeigneten Kur seinen Willen durchzusetzen, im anderen Falle danach zu trachten, daß der Patient auf die Kur verzichtet. Sieht er ein, daß seine Weigerung den Patienten — sofern ihm überhaupt diese Bezeichnung zukommt — nicht von seinem Vorsatz abbringt, und nimmt er an, daß dieser im Ablehnungsfall sich an einen anderen weniger skrupulösen Heilkundigen wenden würde oder auf eigene Faust eine sogar noch ungeeignetere Kur beginnen würde, so muß er sich bemühen, eine wirksame Kur ausfindig zu machen, die keine nachteiligen Folgen hinterläßt.

Schon aus dem eben Angeführten geht zur Genüge hervor, daß es an und für sich nicht gleichgültig ist, welche der vielen Entfettungskuren man einem Patienten verordnet. Nicht jede Kur ist jedem zuträglich. Es ist durchaus zu verwerfen, daß der Patient selbst die Kur angibt, die er gebrauchen will, ebenso fehlerhaft ist es, wenn ein Arzt eine bestimmte Kur hat, die er schablonenmäßig seinen Patienten verschreibt. Man hat zunächst Rücksicht zu nehmen auf den Grad der Fettleibigkeit. Hier unterscheidet man am besten nach von Noorden: 1. hochgradige Fettleibigkeit, 2. mittlere Fettleibigkeit (etwa 15—25 kg über das durchschnittliche Gewicht), 3. geringe Fettleibigkeit (5—15 kg über dem Durchschnittsgewicht). Dabei sieht man als Durchschnittsgewicht eines Menschen die Anzahl Kilogramme an, die seine Körperlänge über 100 cm beträgt.

Des weiteren ist die Art der einzuschlagenden Kur abhängig von den Indikationen, die die Kur bedingen. Es ist daher zunächst nur die Frage zu beantworten, welche Zustände uns dazu Veranlassung geben.

Häufig bestehen noch keine krankhaften Veränderungen und auch nur geringe subjektive Beschwerden. Trotzdem will der Patient eine Kur verschrieben haben, da er sein überflüssiges Fett als Last empfindet, und der Arzt wird ihm meist zustimmen, da er auf diese Weise etwaigen späteren krankhaften Veränderungen vorbeugen kann. In anderen Fällen handelt es sich um Individuen aus fettreichen Familien, die, obwohl noch in jugendlichem Alter befindlich, zum Fettansatz neigen. Hier handelt es sich also um reine Prophylaxis. Einer Entfettung bedürfen ferner die oben als „konstitutionelle Fettsucht" bezeichneten Fälle.

In andern Fällen steht Fettsucht in Zusammenhang mit Erkrankungen einzelner Organe wie

1. denen der **Zirkulationsorgane.** Hier kann es sich um Zustände handeln, die direkt durch die Fettleibigkeit bedingt sind oder der gleichen Ursache wie diese entstammen, wie das Fettherz. Dabei muß man sich davor hüten, jede Herzerscheinung Fettleibiger auf Fettherz zurückzuführen und ohne Kritik eine Entziehungsdiät einzuleiten. Damit kann man, namentlich wenn es sich herausstellt, daß Arteriosklerose besteht, schweren Schaden stiften.

Damit ist nicht gesagt, daß bei der Arteriosklerose keine Entfettung stattfinden darf. Im Gegenteil ist bei dieser ebenso wie bei anderen Herzerkrankungen wie Klappenfehlern, Kypho skoliosis, Myokarditis, die an und für sich nichts mit der Fettsucht zu tun haben, häufig eine Unterernährung und Entfettung angezeigt, da sie bei gleichzeitiger Fettleibigkeit früher und stärker zur Kompensationsstörung führen. Jede Verminderung des überschüssigen Fettes bedeutet eine Entlastung des Herzens. Man hat auch beobachtet, daß Digitalis nach einer vorsichtigen Entfettung wirksamer ist als vorher.

2. ist bei den Erkrankungen der **Respirationsorgane** häufig eine Entfettung erforderlich. So manche chronische Bronchitis, die vorher fast unheilbar schien, ist nach Reduzierung des überschüssigen Körpergewichts, nachdem die Lungenventilation eine ausgiebigere geworden, zum Schwinden gebracht. Daneben bedürfen Emphysem und auch die Lungentuberkulose Berücksichtigung. Bekannlich bietet Fettleibigkeit keinen Schutz gegen Lungentuberkulose. Doch ist bei dieser eine Entfettung, wenn überhaupt, nur mit großer Vorsicht vorzunehmen. In der Regel bietet sie eine Kontraindikation. Nicht selten sieht man sogar bei bis dahin scheinbar Gesunden nach der Kur eine Tuberkulose ausbrechen.

3. kommen **Nierenerkrankungen,** besonders die Schrumpfniere in Betracht. Hier wird durch zu reichliche Gaben von Milch, Butter, Mehlspeisen, Brot und anderen Vegetabilien häufig stark gesündigt; zu dieser Schädigung kommt dann noch die Einschränkung von Bewegungen. Dadurch entstehen bei Kranken, die sich sonst mit ihrer Albuminurie leidlich wohl befunden haben, Fettleibigkeit und mit ihr Herzbeschwerden. Eine vorsichtig vor-

genommene Entfettungskur kann diese wieder zum Schwinden bringen.

4. geben **Erkrankungen der Bewegungsorgane** eine Indikation für Verringerung des Körpergewichtes. Kranke, die aus irgendwelchem Grunde zu längerer Schonung ihrer Gliedmaßen gezwungen sind, nehmen häufig an Körpergewicht derartig zu, daß eine Entfettung notwendig wird.

Noch mehr ist dies naturgemäß bei chronischen Erkrankungen mit Beteiligung des Bewegungsapparates der Fall wie bei Arthritiden, Plattfüßen, Varizen, Thrombosen, Unterschenkelgeschwüren, Erkrankungen des Gehirns und des Rückenmarks und ähnlichen Lähmungen. Vielfach hat hier eine Entlastung des Körpers auch eine bessere und leichtere Beweglichkeit zur Folge.

5. ist die Fettleibigkeit häufig mit andern **Stoffwechselkrankheiten** wie Gicht und Diabetes vergesellschaftet. Wir haben bei der Besprechung dieser Krankheiten bereits darauf hingewiesen, daß bei der Gicht eine Entziehungskur nur vorteilhaft sein kann, sofern man purinhaltige Nahrungsmittel vermeidet, während im Gegensatz hierzu beim Diabetes Entfettung, wenn überhaupt, nur ganz vorsichtig unter ständiger ärztlicher Kontrolle vorgenommen werden darf, da sonst bedrohliche Zustände eintreten können. Ich verweise im übrigen auf das dort bereits Gesagte.

6. **Neuralgien** verschiedenster Art werden häufig durch Entfettungskuren günstig beeinflußt.

Natürlich können außer den genannten Krankheitsgruppen auch gelegentlich andere mit Fettsucht kombiniert sein; wie weit dort eine Entziehung stattfinden darf, kann generell nicht entschieden werden.

Kontraindikationen geben zu große Jugend und hohes Alter. In den ersten zwanzig Lebensjahren sollte man eine Entfettungskur nicht vornehmen. Man soll hier bei hochgradiger Fettleibigkeit durch geeignete Ernährung einem Überhandnehmen vorbeugen und nur von Zeit zu Zeit während kurzer Perioden von 4—5 Wochen dem Körper einen kleinen Teil überschüssigen Fettes abzugewinnen suchen. Streng kontraindiziert ist eine Abmagerungskur bei Greisen.

Ferner geben gewisse Krankheiten eine Kontraindikation. Inwieweit dies für die Lungentuberkulose zutrifft, haben wir oben erörtert. Daneben sind es Nervenzustände, wie Hysterie und Neurasthenie, bei denen große Vorsicht geboten ist. Da sich die Hysterischen bei reichlichem Fettpolster meist wohler befinden als in schlechtem Ernährungszustande, so sollte man hier nur eine Kur vornehmen, wenn die Bewegungsfähigkeit gelitten hat.

Methoden der Entfettung.

Nachdem man früher vielfach darüber diskutiert hat, welche Nahrungsmittel sich am besten für eine Entfettung eignen, steht man jetzt allgemein auf dem Standpunkt, daß diese Frage von untergeordneter Bedeutung ist, vielmehr die Größe und der Nährwert der Gesamtkost das Ausschlaggebende ist. Man kann selbst mit Nahrungsmitteln, die für gewöhnlich in dem Ruf stehen, der Fettleibigkeit Vorschub zu leisten, entfetten, wenn der Nährwert der Kost kleiner ist als der Bedarf des Körpers. Es ist sogar, um eine Einseitigkeit zu vermeiden, vorzuziehen, auf die Entfettung mit einem bestimmten Nahrungsmittel Verzicht zu leisten und unter sorgfältiger Bestimmung des Kaloriengehaltes eine gemischte Kost zu verordnen. Dabei kann man dem Zustande des Patienten und seinem Geschmack Rechnung tragen. Man ist bei einer solchen Diät, und darin besteht ein weiterer Vorzug, nicht auf eine bestimmte Zeit beschränkt, sondern kann den Patienten eine dauernde Ernährungs- und Lebensweise anordnen. Voraussetzung ist dabei, daß man den Kalorienwert der einzelnen Nahrungsmittel nicht nur im Rohzustand, sondern auch im zubereiteten, tischfertigen Zustand kennt. Es läßt sich nicht verhehlen, daß hier noch ein schwer zu überwindender Übelstand ruht, da der Kalorienwert eines Nahrungsmittels sich je nach der Menge und der Art der Zutaten ändern kann.

Wenn wir die andern bisher gebräuchlichen Entfettungskuren nicht ganz aufgeben, so ist daran nicht, wie es von einigen Seiten hingestellt wird, die Bequemlichkeit des Arztes oder des Patienten schuld. Im Krankenhaus und im Sanatorium läßt sich jede Entfettungskur durchführen. Anders in der Privatpraxis. Hier bilden schon die finanziellen Verhältnisse und der Beruf des Klienten vielfach Schwierigkeiten für eine dauernde Umänderung der Diät, selbst wenn es dem Haushaltungsvorstand nicht an der für die Durchführung nötigen Intelligenz mangelt. Vielfach werden die Patienten eine 4—6 wöchentliche Kur vorziehen, selbst wenn sie dabei Gefahr laufen, dieselbe in einiger Zeit wiederholen zu müssen.

Aber auch für die Fälle, in denen es uns darauf ankommt, schnell zu entfetten, werden wir gewisse Kuren nicht entbehren können.

Welcher Kur wir den Vorzug geben, hängt einmal von dem Grad der Fettleibigkeit und den vorhandenen Komplikationen ab, sodann von der Frage, ob wir schnell oder langsam einwirken wollen. Auch das Milieu des Kranken und seine finanziellen Verhältnisse werden von Einfluß auf die Bestimmung sein. Es fragt sich ferner, ob der Kranke während der Kur seine Berufstätigkeit weiter fortführen muß, oder ob er sich ganz der Kur widmen kann und will. Auch die Jahreszeit darf nicht ganz außer acht gelassen werden. Einem Patienten mit vielfachen gesellschaftlichen Verpflichtungen werden wir zur Winterzeit nur in dringenden Fällen eine Kur verordnen. Selbst wenn er genügende Selbstüberwindung besitzt, wird es ihm schwer fallen, daneben zu sitzen, wenn andere schlemmen. Die heiße Jahreszeit, bei der der Appetit im allgemeinen geringer ist, ist ungeeignet für Kuren, bei denen eine Beschränkung der Flüssigkeitszufuhr geboten ist. Im allgemeinen sind wir jetzt in der Lage, die Kur so einzurichten, daß der Patient keinen Hunger leidet; wir erreichen dies in der Regel dadurch, daß wir ihm Nahrungsmittel zuführen, die das Sättigungsgefühl hervorrufen, ohne daß sie einen besonderen Nährwert haben.

Im folgenden seien die verschiedenen in Frage kommenden Kuren angeführt.

Die älteste ist die von Harvey angegebene Kur, die nach seinem Patienten Banting, für den sie ursprünglich angegeben war, benannt wird. Sie wird heute kaum noch angewendet und hat nur noch historischen Wert.

Banting-Kur.

Frühstück: Eine große Tasse Tee ohne Milch und ohne Zucker, 120—150 g Fleisch, und zwar Rind- oder Hammelfleisch, Nieren, gebratener Fisch, Schinken oder irgend ein kaltes Fleisch außer Schwein, 30 g Zwieback oder geröstetes Brot ohne Butter.

Mittag: 150—180 g Fisch (außer Lachs) oder Fleisch (außer Schwein), dazu Gemüse (keine Kartoffeln!), 30 g geröstetes Brot,

Kompott, 2—3 Glas Rotwein, Sherry oder Madeira (kein Champagner, kein Porterbier).

Nachmittag: 60—90 g Obst, Tee ohne Milch und Zucker, 1—2 Zwiebäcke.

Abend: 90—120 g Fisch oder Fleisch von den zum Frühstück erlaubten Arten, 1—2 Glas Rotwein oder Grog ohne Zucker.

Die Kur ist vielfach schlecht vertragen worden wegen des Mangels an Fett und Kohlehydraten. Sie hat wegen der intensiven Unterernährung zuweilen zu nicht unbedenklichen Schwächezuständen geführt. Bei gleichzeitig bestehenden Nierenaffektionen ist sie direkt schädlich; ebenso dort, wo Neigung zur Gicht besteht.

Ebstein modifizierte die Kur, indem er Eiweiß nur in gewöhnlichem Maße gab und dafür die Fettzufuhr steigerte. Die größeren Fettmengen sollen das Sättigungsgefühl schneller herbeiführen und den Durst herabsetzen.

Ebsteinsche Kur.

Frühstück: 250 g Tee ohne Milch und ohne Zucker, 50 g Brot, dazu 20—30 g Butter.

Mittag: Suppe, häufig mit Knochenmark, 120—180 g gebratenes oder gekochtes (auch fettes) Fleisch mit fetter Sauce, Leguminosen und Kohl, keine Rüben, keine Kartoffeln; Salat, Backobst ohne Zucker oder etwas rohes Obst; 2—3 Gläser leichten Weißwein.

Nachmittag: 250 g Tee ohne Milch und ohne Zucker.

Abend: Tee wie oben, ein Ei oder 75—80 g fetter Braten oder Schinken oder Zervelatwurst oder geräucherter Fisch, dazu 30 g Brot (mit mehr oder weniger Butter je nach dem Fettgehalt des Fleisches), eventuell mit etwas Käse, frisches Obst.

Der obenstehende Speisezettel soll keine Schablone sein, sondern nur eine Grundlage für die Lebensweise überhaupt; als solche läßt sich die Ebsteinsche Vorschrift aber nicht durchführen, da sie das Hungergefühl nicht genügend stillt und ferner infolge des hohen Fettgenusses nicht selten Dyspepsie hervorruft.

Vorwiegend für solche Fettleibige, bei denen die Herzcirkulation gestört ist, ist die Örtelsche Kur bestimmt. Örtel empfiehlt analog der Bantingkur vorwiegend Eiweißnahrung, weniger Fett als Ebstein, aber mehr Kohlehydrate. Daneben legt er besonderes Gewicht auf Beschränkung der Flüssigkeitszufuhr und auf Bewegung (Terrainkur!).

Örtelsche Kur.

Morgens: 120 g Kaffee mit 30 g Milch und 5 g Zucker, 35 g Weißbrot, 2 weiche Eier (100 g gebratenes Fleisch), 12 g Butter.

Mittags: 100 g Pfälzer Wein, 150—200 g gebratenes Rindfleisch (oder 100 g Fisch und bis 200 g Rindfleisch), 50 g Salat oder Gemüse, 100 g Mehlspeise, 25 g Brot, 100 g Obst.

Nachmittags: 120 g Kaffee, 30 g Milch, 5 g Zucker.

Abends: 250 g Pfälzer Wein oder Wasser, 12 g Kaviar (oder 16 g Sprotten oder 18 g Lachs oder 2 weiche Eier), 150 g Wildbret, 15 g Käse, 20 g Roggenbrot, 100 g Obst.

Bei dieser Kur wird, namentlich in der Art, wie sie durch Schweninger allgemeine Verbreitung gefunden hat, besonderes Gewicht auf Einschränkung der Flüssigkeitszufuhr gelegt, insbesondere soll man während der Mahlzeiten keine Getränke zuführen. Die Annahme, daß die Speisen ohne gleichzeitiges Trinken schlechter ausgenutzt werden, hat sich als irrtümlich erwiesen. Wenn man davon absieht, daß die Appetenz durch die Enthaltung von Getränken sinkt, so beruht die Gewichtsabnahme, die dadurch erfolgt, nicht auf Fettverlust, sondern auf Entwässerung des Körpers.

Die Kur ist daher für solche Fälle geeignet, in denen ein Wasserverlust des Körpers erwünscht ist. Sie kommt in Betracht bei Schwächezuständen und Insuffizienz des Herzens, bei komplizierenden Erkrankungen der Gefäße, besonders bei der Arteriosklerose, ferner bei interstitieller Nephritis.

Hirschfeld, der sich als einer der ersten gegen den Wert der Örtel-Schweningerschen Wasserentziehung ausspricht, will Eiweiß, Kohlehydrate und Fette in nahezu gleicher Weise eingeschränkt wissen.

Hirschfeldsche Kur.

Frühstück: Kaffee, bitter und schwarz, 20 g Semmel.

Vormittags: 2 Eier.

Mittags: Bouillon mit etwa 30 g Reis (roh gewogen), 250 g mageres Fleisch (roh gewogen), gekocht oder mit wenig Fett gebraten, 250 g Gurke.

Nachmittags: Kaffee, bitter und schwarz.

Abends: 100 g Sahnenkäse, 40 g Weißbrot.

Andere glauben den für eine Entfettung erforderlichen Grundsatz: den Patienten zu sättigen, ohne ihn erheblich zu ernähren, am geeignetsten durch eine vegetabilische Diät erreichen zu können. Dabei wird der Eiweißbestand des Körpers durch Heranziehung von Körner- und namentlich Hülsenfrüchten gewahrt, deren geringere Ausnutzungsfähigkeit durch ein größeres Quantum unschwer ausgeglichen wird. Albu empfiehlt als Beispiel für eine solche vegetabilische Entfettungskur folgenden Speisezettel:

Vegetabilische Kur (nach Albu).

Morgens: ½ Liter Buttermilch oder eine große Tasse Tee oder Kaffee mit Saccharin (ohne Milch und Zucker), 75 g Schwarz- oder Schrotbrot mit wenig (zirka 20 g) Butter, 100—125 g rohes Obst.

Mittags: 1 Teller Suppe mit Gemüseeinlage, 100—150 g Erbsen, Bohnen oder Linsen, eventuell mit einigen Kartoffeln, 1 großer Teller Gemüse (Blumenkohl, Spargel, Schoten, Karotten, Teltower Rübchen u. dgl.), 1 Teller Gurken-, Sellerie-, Kartoffelsalat. An Stelle der Hülsenfrüchte eventuell 200g mageres Fleisch. Rohes Obst oder Kompott ohne Zucker (100—150 g).

Abends: Eine große Tasse Tee mit Saccharin, 75 g Brot mit wenig Butter (20 g), dazu ein Teller Gemüse wie mittags oder Pfefferlinge oder zirka 6 Kartoffeln (Pellkartoffeln!).

Der Nachteil dieser Kur liegt darin, daß es gewöhnlich nicht gelingt, dem Menu die nötige Abwechslung zu geben. Daher wird auch bei dieser Kur gewöhnlich 2—3 mal wöchentlich mittags ¼ Pfund Fleisch, auch je nachdem bis 30 g Butter gestattet.

In der Absicht Speisen zuzuführen, die, ohne viel Nährstoff zu enthalten, ein Sättigungsgefühl hervorrufen, hat G. Rosenfeld die Kartoffelkur empfohlen. Die Kartoffel genießt zu Unrecht den Ruf stark zu machen und wird daher von Fettleibigen ängstlich gemieden. In Wirklichkeit ist ihr Nährwert nur gering, wenn sie nicht etwa mit viel Fett zubereitet wird. In der Form von Salzkartoffeln, Bouillonkartoffeln, Kartoffeln in der Schale oder von Kartoffelsalat, der ohne Ölzusatz mit Zitrone hergestellt wird, ist sie in großen Mengen im Verein mit reichlich kaltem Wasser imstande, durch Füllen des Magens mit einem kalorienarmen Material stark zu sättigen. Die Kartoffel hat nebenbei noch den Vorzug, daß man sie lange Zeit hindurch genießen kann, ohne daß man sie sich überißt. Will man eine Abwechslung in die Kur hineinbringen, so kann man sie teilweise oder an einzelnen Tagen ganz durch Gemüse ersetzen, das auf englische Art ohne Fett nur mit Wasser zubereitet wird.

Kartoffelkur (nach G. Rosenfeld).

8 Uhr: Tee mit Saccharin und einem Kaffeelöffel Milch, 40 g Semmel, Honig, 1 Glas Wasser.

10 Uhr: 10 g Käse, 1 Glas Wasser.

12 Uhr: 6 Backpflaumen, 1 Glas Wasser.

2 Uhr: 2 Glas Wasser, 1 Teller Brühe mit 150 g roh gewogenem Suppenfleisch, 200 g Kartoffeln, Apfelmus.

4 Uhr: Kaffee mit Saccharin und einem Kaffeelöffel Milch.

6 Uhr: Bouillon mit zerquetschten Kartoffeln.

Abends: Wiener Würstchen mit 200 g Kartoffeln in der Würstchenbrühe, Quarkkäse, Wasser.

Kartoffelkur (nach P. F. Richter).

8 Uhr: 1 Tasse Tee oder Kaffee (ohne Milch), 50 g mageren Schinken, 1 Brötchen.

10 Uhr: 1—2 Eier.

12 Uhr: Obst, ca. 100 g.

2 Uhr: Vor dem Essen 1—2 Glas Zitronenlimonade (ohne Zucker), 1 Teller Bouillon mit 150—200 g Kartoffeln (Salzkartoffeln), 100—125 g mageres Fleisch, dann eine saure Gurke und viel Radieschen, grüner Salat (ohne Öl, nur mit Zitrone angemacht) etc. (eventuell 100 g Gemüse ohne Mehl und ohne Butter); die Gemüseportion kann erhöht werden in dem Verhältnis wie die Kartoffeln herabgesetzt werden.

4 Uhr: 1 Tasse Kaffee.

6 Uhr: Frisches Obst (eventuell 1 Tasse Bouillon).

8 Uhr: 100 g mageres, kaltes Fleisch oder 1 Hering, dazu 150 g Kartoffeln (eventuell als Salat), rote Rüben, Rettich, etwas magerer Käse. Vor dem Essen wieder 1—2 Glas Zitronenlimonade.

Wer etwas Abwechslung in der Anwendung der Kartoffeln haben will, kann sich bei dieser Kur gut der von uns beim Diabetes mellitus S. 22 angeführten entmehlten Kartoffelspeisen bedienen.

Der Vorteil dieser Kur besteht darin, daß der Patient hier hauptsächlich infolge der beigegebenen „Füllsel", ohne Hungergefühl zu verspüren, in meist ausgiebiger Weise entfettet wird. Es bedarf daher zur Durchführung der Kur keiner besonderen Energie von seiten des Patienten, der seinem gewohnten Beruf ohne Belästigungen weiter nachgehen kann. In der Regel verordnet man die Kur für 4—6 Wochen. Es steht aber nichts entgegen, sie noch weiter durchzuführen. Um dies zu ermöglichen, sorge man dafür, daß der Kranke etwas Abwechslung in die Art des genossenen Fleisches hineinbringt. Gut kann man dies auch hin und wieder durch Fisch ersetzen. Man darf auch dünne Suppen, vor allem Fleischbrühe, dabei verabfolgen, deren Nährwert bekanntlich ein geringer ist.

Auch ein anderes Nahrungsmittel, das geradeso wie die Kartoffel in dem Rufe steht, besonders nahrhaft zu sein, kann zur Entfettung verwertet werden, nämlich die Milch. Die Form, in der diese Kur verwertet wird, schließt sich an die alte Karellsche Kur an, die von Lenhartz wieder aufgenommen ist und seither verschiedene Modifikationen erfahren hat. Wir geben zunächst die Karellsche Kur selbst wieder.

Karellkur.

Der Kranke erhält 4 mal am Tage, um 8, 12, 4 und 8 Uhr, je 200 ccm abgekochte oder rohe Milch von beliebiger, seinem Geschmack entsprechender Temperatur. Außerdem wird keinerlei Flüsisgkeit oder feste Nahrung während der ersten 5—7 Tage erlaubt. In den darauf folgenden 2—6 Tagen gibt man außer zur gleichen Zeit und in der gleichen Menge verabreichter Milch leichte Zusätze: zunächst nur 1 Ei (um 10 Uhr) und etwas Zwieback (um 6 Uhr); dann zwei Eier und gehacktes Fleisch, Gemüse oder Milchreis, so daß allmählich, in 2—6 Tagen, etwa 12 Tage nach Beginn der Kur, der Übergang zu voller gemischter Kost erfolgt, bei der dann in den meisten Fällen die Milch möglichst beibehalten oder teilweise durch Tee ersetzt wird, ohne daß in den folgenden 14 Tagen bis 4 Wochen die Gesamtmenge der Flüssigkeit 800 ccm übersteigt.

Vorbedingung für den Erfolg der Kur ist, daß eine genügende Höhe der Pulswelle vorhanden ist, so daß man noch eine gewisse Anpassungskraft des Herzmuskels annehmen kann. Auch muß das Nierenparenchym noch einigermaßen leistungsfähig sein, um Wasser und Salze ausführen zu können. Es eignen sich also die Fälle mit elendem und unfühlbarem Puls nicht dafür, ebensowenig wie diejenigen mit parenchymatöser Nephritis, während die arteriosklerotischen Nierenkrankheiten die Kur durchaus nicht verbieten. In erster Reihe ist die Kur indiziert bei Herzmuskelerkrankungen mit chronischen und akuten Zuständen von Herzschwäche, meist also Myokarditis auf arteriosklerotischer Basis, und bietet die besten Aussichten auf Erfolg, wenn neben der Zyanose und Dyspnoe mehr oder weniger hochgradiger Haut- und Höhlenhydrops vorhanden ist. Besonders geeignet ist die Kur auch zur Einleitung einer Entfettungskur.

Moritz empfiehlt folgende Modifikation der Kur.

Milchkur nach Moritz.

Wenn man als Normalgewicht eines Individuums soviel Kilogramm annimmt, als die Körperlänge über 100 cm beträgt, so erhält man die Quantität Milch, die man dem Patienten täglich für die Kur geben soll, indem man diese Zahl mit 25 multipliziert. Z. B. muß ein Mann von 180 cm Körperlänge $80 \times 25 = 2000$ ccm Milch erhalten. In den ersten Tagen gibt man eher etwas mehr. Die Milch wird in der Regel in 5 Portionen getrunken, bei 2 Liter Aufnahme z. B. 8 Uhr $\frac{1}{2}$ Liter, 10 Uhr $\frac{1}{4}$ Liter, 1 Uhr $\frac{1}{2}$ Liter, 4 Uhr $\frac{1}{4}$ Liter, 7 Uhr $\frac{1}{2}$ Liter. Die eine oder andere Portion kann auch als saure Milch genossen werden. Bei guter Milchquelle und erwachsenen Personen ist auch rohe Milch erlaubt, im allgemeinen aber abgekochte vorzuziehen. Die Milch wird kalt oder warm, je nach dem Geschmack des Kranken, getrunken. Besteht bei den kleinen Milchquanten noch Durst, so läßt man noch bis zu $\frac{3}{4}$ respektive $\frac{1}{2}$ Liter Wasser trinken oder die Milch mit diesen Mengen verdünnen. Außer der Milch mit eventuellem Wasserzusatz wird nichts anderes gestattet.

Unerwünschte Nebenerscheinungen sind zuweilen Stuhlverstopfungen (seltener auch Durchfall), hie und da Kopfweh und auch Rückenweh, bei zu rascher Abnahme auch Mattigkeit. Die Kur hat nach Moritz für Arzt und Patient den Vorzug, bequem zu sein, nebenher ist sie auch billig. Wenn Moritz weiterhin hervorhebt, daß der Patient dabei seiner gewöhnlichen Beschäftigung nachgehen kann, so kann ich mich dem nicht anschließen, sondern stelle mich auf Seite derer, die für die Kur unbedingte Ruhe, sogar Bettruhe fordern.

Während die Anwendung der Karellschen und Moritzschen Kur vorwiegend auf Fettleibigkeit mit den oben angegebenen Komplikationen, die auf andere Weise schwer zu bekämpfen sind, beschränkt bleiben, haben die von Römheld, Tobias und anderen empfohlenen Milchtage mit Recht eine weitere Verbreitung auch bei leichteren Fällen gefunden. Römheld empfiehlt bei Beginn von Entfettungskuren und später auch während der ganzen Kur jede Woche zwei, eventuell auch mehr solcher Milchtage, während an den andern Tagen die gemischte Entfettungsdiät gereicht wird. Bei völliger Ruhe, am besten bei Bettruhe, erhalten die Kranken an diesen Milchtagen nur 1000 bis 2000 ccm Milch, dazwischen höchstens etwas Obst. Die Anwendung ist besonders bei Herzkranken, Gichtkranken und Nephritikern indiziert:

1. bei Fettleibigkeit, die mit Dekompensation einhergeht. Hier eignen sich die Milchtage vor allem zur Einleitung der Kur,

2. wenn es nach anfänglicher regelrechter Gewichtabnahme bei sachgemäßer Entfettungsdiät plötzlich zu einem Stillstand kommt,

3. zur Erhaltung des durch eine Entfettungskur erzielten Resultates. Der Patient kann sich jahrelang vor abermaliger Gewichtzunahme bewahren, indem er konsequent jede Woche zwei Milchtage einschiebt, selbst wenn er in der Zwischenzeit kleine diätetische Exzesse begeht.

In analoger Weise wie Römheld die Milchtage empfiehlt J. Boas Karenztage, wenn die Entfettungskur nicht mehr einschlägt. In solchen Tagen gibt er lediglich Tee mit Zusatz von Zitrone und Saccharin sowie mehreremals täglich ca. 100 g Schwarz- oder Grahambrot (selbstverständlich ohne Butter), einen Teller fettfreier Bouillon, 2—3 harte Weißeier sowie mehrere nichtsüße Äpfel.

Nach Einführung des Karenztages nehmen die Patienten dann wieder 1—2 kg in der Woche ab. Zwei Grundsätze sind dabei zu beachten: völlige Eliminierung aller und jeder Fette und größtmöglichste Beschränkung der Kohlehydrate, sodann Füllung des Magens mit minderwertigen Genußmitteln und endlich reichliche aber keineswegs überreichliche Wasserzufuhr, da ja die Nichtbefriedigung des Durstes am peinlichsten empfunden wird.

Wie wir zu Anfang unserer Besprechung auseinandergesetzt haben, bedarf es zur Entfettung keiner besonderen Kur; man kann mit gemischter Kost entfetten, sofern der Nährwert der Kost kleiner ist als der Bedarf des Körpers. Von Noorden, der mit seinen Schülern dieser Auffassung in erster Reihe Geltung verschafft hat, gibt für eine solche Entfettung mit gemischter Kost ein Schema an, das ich hier wiedergeben will.

Entfettungskur nach von Noorden.

8 Uhr: 80 g mageres kaltes Fleisch, $\frac{1}{2}$ Weißbrötchen (25 g), 1 Tasse schwarzer Tee oder Kaffee (1 Eßlöffel Milch, Zucker nicht erlaubt).

10 Uhr: 1 Ei.

12 Uhr: 1 Tasse abgefettete kräftige Fleischbrühe (Zusatz von Fleischextrakt erlaubt).

1 Uhr: 1 kleiner Teller abgefetteter Fleischbrühe (mit Einlage von grünem Gemüse à la julienne oder à la jardinière), 150 g mageres Fleisch (zubereitet gewogen) in 1 oder 2 Sorten, z. B. teils Fisch, teils Braten, 100 g Kartoffeln, Fleischbrühe als Sauce. Reichlich Blatt- oder Stengelgemüse, Blumenkohl, Spargel (auf eine Portion ist bei magerer Zubereitung etwa 10 g Fett zu rechnen), 100 g frisches Obst oder Kompott ohne Zucker.

3 Uhr: 1 Tasse schwarzer Kaffee.

4 Uhr: 200 g frisches Obst (Beeren, Äpfel, Birnen u. dgl.).

6 Uhr: 0,25 Liter abgerahmter Milch, auf Wunsch mit Tee.

8 Uhr: 125 g kaltes mageres Fleisch (zubereitet gewogen) oder 180 g mageres Fleisch (roh gewogen), ohne Fett am offenen Feuer (Rost, Grill) geröstet; als Beilage: Essiggurken, Salzgurken, Pickles, rote Rüben, Radies, Rettich u. dgl., 30 g Grahambrot, 2—3 Eßlöffel zuckerfreies gekochtes Obst.

Balneotherapie und physikalische Massnahmen.

Seit langen Jahren hat sich die Behandlung Fettleibiger in bestimmten Badeorten einer großen Beliebtheit erfreut. Je mehr die diätetischen Kuren in Aufnahme gekommen sind, um so mehr haben Brunnenkuren an Popularität eingebüßt. Wenn man sie von dem Standpunkt vieler Fettleibiger betrachtet, die annehmen, eine vierwöchentliche Kur gebe ihnen Berechtigung, die übrige Zeit des Jahres unbekümmert um ihren Organismus zu leben, so haben sie allerdings geringen Nutzen. Wenig Wert haben dieKuren auch, wenn man sie nicht mit zweckentsprechender Diät und maßvollen Bewegungen verbindet. Verständig angewendet, unter ärztlicher Kontrolle, bilden sie heute noch einen wertvollen Faktor in der Therapie der Fettleibigkeit. In Frage kommen die glaubersalzhaltigen Mineralwässer: Marienbad, Tarasp, Karlsbad, Neuenahr, Mergentheim, für minder Fettleibige die Kochsalzquellen in Homburg, Kissingen, Vichy, Wiesbaden, bei vorhandener skrophulöser Konstitution die Jodwässer von Hall und Krankenheil, bei gleichzeitiger Anaemie die Eisenwässer von Marienbad, Franzensbad, Elster, Cudowa, Rohitsch.

Die verschiedenen Bitterwässer eignen sich nicht zum kurgemäßen Gebrauch, sie können nur im Hause angewendet werden. Da sie bei längerem Gebrauch ungemein schwächen, kommen sie überhaupt nur bei kräftigen Individuen in Frage.

Eine wirksame Unterstützung finden die Trinkkuren durch lauwarme Solbäder und kohlensaure Solen. Bei gesundem Herz und gut erhaltenen Muskelkräften können auch Seebäder eine Reduktion des Fettbestandes bewirken. Doch ist das Leben, das zur Sommerzeit dort zu herrschen pflegt und die Kost daselbst meist nicht dazu angetan, diese Wirkung zur Entfaltung zu bringen.

Das schweißerregende hydropathische Verfahren, Dampf- oder heiße Luftbäder sowie die elektrischen Lichtbäder dürfen nur bei gesundem Herzen, wenn keine Arteriosklerose besteht, in Anwendung gebracht werden. Der Gewichtsverlust, den sie bewirken, beruht zum größten Teil auf Wasserverlust, der sich schnell wieder ersetzt. Daher ist ihr Wert nur ein geringer.

Bewegungen und mäßiger Sport sind bei Fettleibigen dringend zu empfehlen, sofern nicht die besondere Kur wie z. B. die Karellsche, Ruhe erfordert. Dort, wo aktive Bewegungen nicht ausgeführt werden können, werden sie durch Massage ersetzt.

Medikamentöse Therapie.

Die medikamentöse Therapie spielt hier eine untergeordnete Rolle. Die Behandlung mit Schilddrüsenextrakt, die eine Zeit lang viel Unheil angestiftet hat, ist neuerdings von einigen Seiten wieder namentlich für die konstitutionelle Fettsucht empfohlen worden. Gut sollen sich dabei die Degrasintabletten (Dr. Freund und Redlich) bewährt haben. Um gefährlichen Nebenwirkungen vorzubeugen, ist es notwendig, bei dieser Kur reichlich Fleisch zuzulegen; mindestens 20% der Kalorien müssen durch Fleischnahrung gedeckt sein. Befürchtet man Störungen von seiten des Herzens, so tut man gut, das Degrasin mit kleinen Dosen von Digitalis zu kombinieren, wofern man nicht die im Handel befindlichen Degrasin-Digitalistabletten vorzieht.

Die vielen angepriesenen Geheimmittel sind wertlos, wenn nicht sogar schädlich.

Sachregister.

GPSR Compliance

The European Union's (EU) General Product Safety Regulation (GPSR) is a set of rules that requires consumer products to be safe and our obligations to ensure this.

If you have any concerns about our products, you can contact us on ProductSafety@springernature.com

In case Publisher is established outside the EU, the EU authorized representative is:

Springer Nature Customer Service Center GmbH
Europaplatz 3
69115 Heidelberg, Germany

Batch number: 10844639

Printed by Printforce, the Netherlands